近世西海捕鯨業の史的展開

平戸藩鯨組主益冨家の研究

藤本隆士

九州大学出版会

序

捕鯨は近世の巨大産業のひとつである。それを生み出したのは蝗《いなご》（実は浮塵子が主）の襲来に備え虫害を克服する手段として生じた需要である。その需要は藩組織の中まで浸透してゆき、福岡藩は益冨又左衛門と大番頭勢右衛門に扶持などを与えた。これを見ると、地方で生産され流通する鯨商品は商品の完結的形態であり、地方市場の成長の指標であった。この地方市場はもちろん中央市場とかかわりながら大きくは藩単位での交流が行われ、さらに藩内の豪商たちがかかわってくる。本書では鯨商品の流通状況における益冨家と福岡藩との関係を考察した。

さらに巨大な獲物を捕獲するための漁師たちを統括する組織として、伝統的イエ制度に則って見事に成立した益冨又左衛門家を中心とした同族団について考察した。

また流通や貨幣について考察を加えねば鯨組の実体はつかめないので、さらに多角的視点からの掘り下げが必要である。ここにその発端を示したのが本書である。

二〇一七年八月

初出一覧

第一章　近世西海捕鯨業経営と同族団（一）・（二）（福岡大学『商学論叢』第十九巻第四号・第二〇巻第一号、昭和五十年三月・七月）

第二章　捕鯨図誌『勇魚取絵詞』考（福岡大学『商学論叢』第二十四巻第二・三号、昭和五十四年十一月）

第三章　西海捕鯨業と福岡藩――地方市場の一考察――（宮本又次編『商品流通の史的研究』ミネルヴァ書房、昭和四十二年三月）

第四章　鯨油の流通と地方市場の形成（九州大学『九州文化史研究所紀要』第十二号、昭和四十二年三月）

第五章　幕末西海捕鯨業の資金構成――生月島益冨家の場合――（『福岡大学創立三十周年記念論文集』、昭和三十九年十一月）

目次

序　i
初出一覧　ii
第一章　近世西海捕鯨業経営と同族団……1
はじめに　1
一　益冨又左衛門本家　2
二　山県六郎兵衛家　14
三　山県三郎太夫家　18
四　畳屋系の別家　23
(1)　畳屋三郎兵衛家
(2)　畳屋又右衛門家
(3)　畳屋徳左衛門家
(4)　畳屋治七家
(5)　畳屋彦右衛門家
(6)　畳屋徳平治家
(7)　畳屋十一郎家

第二章　捕鯨図誌『勇魚取絵詞』考……39
はじめに　39
一　本書の概要　41
二　本書の成立についての諸説　45
三　静山・与清の著書に拠って　51
四『絵詞』の成立過程について　61
むすび　71
第三章　西海捕鯨業経営と福岡藩……77
はじめに　77
一　福岡藩における鯨油の使用　78
二　福岡藩と益冨家　80
むすび　90
第四章　鯨油の流通と地方市場の形成……97
はじめに　97
一　鯨油値段の決定をめぐって　98
（I）値段をめぐる経営内の動き

（Ⅱ）筑前御用油の取引と値段
（Ⅲ）肥後御用油の直接取引関係の樹立
二　下関問屋との取引　119
（Ⅰ）下関諸問屋との取引
（Ⅱ）肥後屋一件
むすび　128
第五章　幕末西海捕鯨業の資金構成……133
はじめに　133
一　平戸藩諸役所からの融資　137
二　諸商人その他からの融資　139
むすび　142
あとがき――西海に鯨を追って――　181
人名索引

凡例

一　本書で用いた用字は原則として常用漢字を使用したが、人名・地名などの固有名詞については人名漢字等を使用したものもある。

一　引用史料中の旧字体は常用漢字のあるものはそれを使用したが、古体、異体、略体などの文字のうち、左記のものについては原字体を残した。

〆　ゟ　斗　躰　抔　夘　扣　ゝ　〃

なお、冨・富は、冨に統一したが、引用文中は出典どおりとした。

また変体仮名については　江（え）　者（は）　而（て）　〆（して）　のほかは平仮名に改めた。

一　引用史料中、判読不能の文字については、字数のわかるものは□で、わからないものはおおよその字数を測り、［　　　］で示した。

一　史料中で抹消された文字には、印字に抹消線　——　を施し、訂正文字がある場合は、右傍に施した。

一　引用者が加えた傍注は（　）を施した。ただし同一記事内で重出する語句については、初出のみに施した。

一　益冨家文書の引用史料については、読点、中点を施した。

一　諸般の事情により、益冨家文書については原史料との照合を行うことができなかったため、基本的に初出論文に従った。

第一章　近世西海捕鯨業経営と同族団

はじめに

近世捕鯨業の経営体を鯨組《くじらぐみ》という。西海地域には幾組かの鯨組があったが、本章では平戸藩生月島《いきつきしま》に本拠を置いた益冨又左衛門組を考察してみたい。

当家は組主益冨家を中心に別家を多く分出し、さらに女子の嫁ぎ先、つまり姻戚関係をも包含して経営に参加させる一大家連合をなして鯨組経営にあたったのである。(1)ここではこの一族の家連合体を同族団として捉え、その系譜をたどることに焦点を絞りながら、鯨組の人的組織を把握して、その経営の史的分析の手がかりを求めておきたいのである。

同族団理論は、昭和十年代以降、有賀喜左衛門、喜多野清一両氏(2)らによって築かれた極めてすぐれた社会学理論による日本村落、日本社会の「家」制度分析の有力な方法論であることは周知のことである。以来多くの先学は、同族団について厖大な研究をわれわれに残しているが、中でも及川宏氏[3]の村落生活に関連させた研究、中野卓氏[4]の商家同族団・暖簾内《のれんうち》の研究は教えられることが多い。一方、中根千枝氏[5]は社会人類学の立場から、ひろく日本以外の家族をも比較されながら、従来の理論が日本に限られていたこと、さらに同族組織内部の分析に力点が限定されていたことを批判され、歴史的とくに経済的条件による同族団の生成ならびに崩壊を考えねばならぬことを強調されている。

しかし、同族団の経済的条件を具体的に把握するためには経営史的分析が必要である。これなくしては説得性に欠けるであろう。さらにまた、経済的条件が充分に汲みあげられねばならぬのは重要であるが、それと同時に、従来の諸研究が明らかにしてきた、日本社会特有の「家」制度が貫かれる過程に顕れる本家分家関係と親方子方関係は否定し去れるものではない。この両面を今後の課題にしなければならないであろう。

一　益冨又左衛門本家（系譜図Ⅰ）

まず鯨組主としての益冨本家の系譜を辿ってみよう。「益冨畳屋両家伝記」[6]に、本家の系図が掲げられたあとに「代継」という文言が記され、別家[7]の畳屋諸家の系図が掲げられている。また同史料の後部に「平戸　山県家代継」とあって、山県家の家督相続に関しての経緯が語られている。さらにその後に「本家益冨代継」として

「益冨正勝　　益冨正康　　益冨正昭

益冨正真　　益冨正弘　　益冨正敬」

と本家の歴代家督継承者＝旦那様のみが掲げられている。

さてこの益冨本家の系譜を辿ってゆく上で重要な「申伝」が残されている。当家継承の「理念」ともいえる「申伝」を少々長文であるが最初に掲げておこう。

「本姓山県　黒木ハ母方ノ姓之由
黒木又左衛門並ビニ弟三郎助、武田亡ビテ、事寺沢志摩守殿、寺沢家滅亡後平戸ニ来リ、鏡川ニ住居ス、畳商売ヲ渡世トス、号畳屋、其後生月ニ居住ス、畳商売・鮑座等ヲ以渡世ス

申　伝

一畳ヲ積、平戸江渡海之節、中居嶋於近辺異形之物、海中ニ浮出、其物申候者、身ヲ立ント思ハヽ、先ツ鰤網をいたせ、子孫ニ至リ家益冨栄ヘント言、其まヽ海中ニ沈ム○其義御聴ニ達、後益冨ト姓ヲ拝領被仰付候よし
○乗合之者共ハ其形も声も一向不見不聴候よし、甚異怪之事故人ニも不語、深々考、身ヲ起ス時節到来、神の教ニも可有之哉と独存候得共、俄ニ網仕出シ思立手立も出来兼居候内相煩、次第ニ病気指重候故、弟三郎助江申候者、此煩とても全快難斗候間、幸其方在ル故、此病気ニ而若シ相果候ハヽ、我カ妻子外ニ頼置人なし、其方何卒育此子、人ニも成候ハヽ、先ツ鰤網ヲ初させよ、我以前平戸江畳ヲ積越候節、中海ニ而怪敷異験あり、海中ゟ異形之物浮出、其物ノ言候者身ヲ立ント思ハヽ、先ツ鰤網ヲせよ、必子孫ニ至り繁栄せんと言、其まヽ海底ニ入シ也、余リ怪しき事故、今迄ハ其方ニも不咄打過くれども、最早我カ死も

程近ク覚ヱル故申置、又人之盛衰者貴キモ賤キモ昔より運につれて有もの故、若シ至子孫家名ヲ起ス時節来リナバ、先祖ノ姓山県と可改、是義呉々無失念子孫ニ申伝置事、其方も承知之通り、此刀今ハ先ツ不用ニも有之候得共、先祖ゟ伝来ノ品故、大切ニ所持いたし置、子孫ニ伝可申事[8]」

右の内容を摘記すれば次の通りである。

1 先祖の由来。信州武田氏の家臣であり、武田氏滅亡後、唐津の寺沢氏に仕官したが寺沢氏断絶のあと流浪。
2 畳屋・鮑座などして渡世。屋号の由来。
3 「異形之物」に遭い、鰤網を教わる。あるいは鯨の游泳を見たのであろうか。それはともかく、網漁への発想が船中で得られたこと。
4 俄に鰤網の「手立も出来兼」ねること。大網元となるには経営の段階的発展が必要であることを示唆している。
5 人の世の盛衰を説いて、家名再興の願いを伝え、その時節がきた時は先祖の山県姓を名乗ること、を申し伝えた。

これらのことは確かに「申伝」であって、他の史料によると

「益冨家由来承処、道喜居士幼少ニ而父母ニ離先祖不相分独身ニ而幼少ゟ色〻心労難筆紙ニ書取略ス、初鰤網思ひ立、其後鯨突組ニ相成、追〻今之網組と出情(精)、従上も難有益冨之性(姓)を被下、然とも無世継、畳屋三郎兵衛方ゟ養子、依之代〻下鯨組小納屋惣道具家所ニ成[9]（下略）」

と見える。道喜居士とは初代又左衛門であるが、この史料は正方・正敬の時代に書かれたと考えられるので、幕末ではすでに先祖の詳細は明らかでなかったのである。しかし、それだけに、さきの「申伝」は当家にとって大切な意味をもってくる。事実、あとで述べるように、鯨網組が盛んになってから、二代正康、四代正真はそれぞれ別家分出し、仕官して山県両家を再興したのである。つまり「申伝」が単なる歴史的事実を超えて、家の「理念」として、益冨・山県両家を支え、その家名維持の努力がさらに鯨組主としての矜恃となっていたことは否定できぬであろう。そこで、右の理念が、どのように代継ぎの過程で実現されてゆくかを辿ってゆかねばならない。

弟三郎助に遺言したのは又左衛門景正であった。三郎助は三郎兵衛と名を改め、兄の遺言を守って、兄嫁と甥を養育して鯨組を創始させた。その鯨組初代が又左衛門正勝であった。享保十（一七二五）年のことである。

「正勝　益冨又左衛門　鯨組開業
　幼而離父與母共淩艱難、年長初為網鰤漁、享保十年與田中氏共始為突鯨漁、翌十一年自己一手為之、
　其後為網鯨漁、公□其功、賜益冨氏云、
　無子、養三郎兵衛五男佐助而為子
　寛延二己巳十一月十一日卒、行年六十
　聞名院歓誉徳永道喜居士
　室ハ田中氏女、名幾津
　安永四乙未四月七日卒　行年七十二

歓喜院聞誉仙妙法寿大姉[10]」

正勝は寛延二（一七四九）年に六十歳で亡くなっている。これから逆算すると元禄三（一六九〇）年の生まれとなるから、父景正が亡くなった元禄十五（一七〇二）年は、正勝十三歳の時ということになる。[11] この年から母と共に叔父三郎兵衛に養育され、長ずるにおよび鰤網や鮑座をして準備をととのえ、享保十（一七二五）年、いよいよ父の遺志をうけて鯨組を創業した。その時、彼は三十六歳であった。

鯨組創始の詳しい経緯は譲るが、田中長太夫との最合いが問題となっている。

「　益冨鯨組初控

一享保十巳冬ゟ思召立、突組拾弐艘ニ而田中長太夫最合ニして、館浦姫宮之脇納屋場ニして仕出し、其時沖合役五次右衛門・呼子伝十、然ルニ鯨三本突取

一午年より未春迄鯨七本突取、沖合当所左次兵衛・同呼子伝十、其年長太夫方ハ相止メ申候、既ニ拙者も相止メ可申と存候得共、母妙善相果候故、死跡身上崩候義残念ニ存、所〻ニ而樽切取組一手ニ仕出[12]（下略）」

創業期の困難は予想をこえ、当初不漁が続いたため田中氏と訣別することになった。その間の事情は、右の史料では割合におだやかに述べられている。つまり初年の経営不振で長太夫は最合いの解消を申し出てきた。正勝は自分自身、鯨組経営を止めようかと迷う程であったが、母が亡くなった（享保十二年七月廿七日逝去）ので発奮して自分一手で継続した、というのである。しかし「先祖山県氏系譜」は次のように相当に厳しさを含

んでいる。

「一次第ニ漁事も有之候処、又々長太夫方ゟ突組最合候様申聞有之候得共、不漁難義之節者相止、漁事有之節ハ最合候様不都合之申分、外ニ子細も有之事故、義絶いたし候事(13)」

先に引用した正勝系譜の中で「室ハ田中氏女」とあるのは、田中長太夫家のことである。そこで義絶というところまでつきつめられたのであろう。ちなみに言い添えておけば「義絶」という言葉は当時としては、武家で使われるのが普通だとされている(14)。たとえこの系譜が後に記述されたものであっても、当家が武家としての意識が濃かった証左である。もっとも、その後、二代三郎兵衛の娘もと女が田中長太夫に嫁しているから、姻戚関係は絶えたままではなかった。

さて創業の苦難をのり越えて、突組で大漁をあげ、それを元手として網組に発展した。だが残念なことに正勝は嫡男に恵まれなかった。そこで叔父で養父の三郎兵衛の五男佐助を養子にした。つまり正勝の父景正の弟畳屋三郎兵衛家から、二代又左衛門をつぐべく佐助が養子に入ったのである。初代又左衛門正勝とは従兄弟の関係であったが、親子の関係に組まれることになった。

「正美津　名佐助　本徳院《ほんとくいん》　畳屋三郎兵衛五男、養為子

不嗣世、先養父正勝而卒

元文六辛酉五月朔日卒、実正月元日也

享称院念誉一心居士　行年三十八
室ハ名多満、近藤三右衛門女
明和八辛夘五月十二日卒(15)」

つまり従弟の佐助が二代をつぐべく正美津となったのであるが、養父に先立つこと八年、三十八歳で亡くなった。そのため家督は初代がそのまま続け、正美津の嫡男又之助が成長するのを待つことになった。正美津には三男一女があった。正康・正満・正昭と美津女である。そこで長男正康、つまり正勝の孫が二代又左衛門を相続した。

「正康　初称又之助、受祖道喜之譲、称又左衛門、後仕官出于平戸、称山県六郎兵衛、隠居、卒于生月
山県六郎兵衛開祖
安永七戊戌十二月十七日卒　年四十八
徳嵓院興誉慈仁□道居士
室ハ名志广(摩)、木田遊林女
文化十癸酉五月七日卒(16)」

相続した年代は記されていないが、正勝逝去の年とすれば、十九歳で家督をついだことになる。この年は捕鯨も創業以来二五年を経て一応安定した時でもあった。

ここで当家の「理念」がはじめて具体的に顕現するのである。すなわち、二代の当主正康自ら家督を弟に譲って別家し、仕官のため平戸に出て、山県姓を再興した。山県六郎兵衛家の開祖である。初めに掲げた先祖の願いは、鯨組主としての繁栄によって実現されたのである。

そこで当然、家督はすぐの弟正満に譲られるのが順序であろう。しかしこの二男は明和二（一七六五）年に早世したので、三男の正昭が三代又左衛門を相続した。

「正昭　初称三之助、受兄正康之譲、称又左衛門
　寛政十一年己未正月九日卒　　行年六十
　室ハ白清居士之配[17]」

室母武は「白清居士之配」つまり兄正満未亡人であった。このような再婚は家督相続のためによくみられることであるが、このことから次の四代又左衛門の相続が微妙になってきた。つまり兄正満に又之助という嫡男があり、正昭にも二人の男子が生まれた。その二人のうち兄の十蔵は二歳で亡くなったので弟正弘が当主の嫡男ということになった。又之助と正弘とは従兄弟であると同時に異父兄弟である。その間の、相続の経緯は記されていないが、家督は、その兄たる又之助正真に譲られたのである。

「正真　初称又之助、受叔父正昭之譲、称又左衛門、後仕官出平戸、賜禄弐百石、帰于武門、称山県二之助、後三郎太夫、隠居称二三

山県三郎太夫開祖
文化十二乙亥四月廿一日卒
現成院鶴洲宗羽居士
室ハ筑前羽片《博多》森永伝九郎姉
嘉永二年己酉三月四日　行年八十四(18)」

この四代正真は叔父の正昭から譲られた家督をつぐのであるが、この当主益冨正真も仕官して、平戸に出ることになった。二百石の禄を賜わり、山県姓を興し、山県三郎太夫家の開祖となった。そして、そのことは「帰于武門」ということであった。二代といい、四代といい本家の当主となりながら、いや当主となったからこそ、そこから別家して山県姓を名乗り、先祖からの念願を果したのである。当家の武家的性格＝武家への指向性の強さを物語るものである。

それと同時に四代目が終生家督を守らずに別家したことによって、義弟であり、三代目の嫡男であった正弘に、その家督を譲ることが出来たのである。異父同母の家系の中で、五代又左衛門正弘が生まれた。みごとな継嗣といわざるをえない。

「正弘　受従弟正真之譲、称又左衛門家督相続、無子養正真嫡孫正敬為子
天保三壬辰六月十二日卒　年五十六
弘徳院泰誉鄰道亀年居士

室ハ筑前福岡之士臼杵勘助姉、名加太(19)」

この正弘は文政九（一八二六）年一月二十一日、長州下関でシーボルトと会っている。その練達の捕鯨方法を語ったのであろうことが、シーボルトの日本の捕鯨についての叙述に生き生きと描かれている。(20) あるいはこの時、正弘は西欧の近代的捕鯨の話を断片的にでも聞いたのではあるまいか。

それはともかく五代正弘には嫡男がなかった。そこで養子の必要が生じるのであるが、さきにみたように初代正勝の養子正美津は別家畳屋三郎兵衛の五男が迎えられている。しかしこれ以後の養子は六代正敬・七代正恵いずれも山県三郎太夫家から迎えられている。つまり本家から分出した別家から、それも武家となった家の方から迎えられていることは重要である。

そこでまず山県三郎太夫正真の四男兵五郎正駿が養子となるが早世してしまった。ついで同家二代三郎太夫正明の嫡男、正真からいえば嫡孫の亀太郎が養子となり、六代又左衛門正敬となった。

「正敬　初亀太郎、受養父正弘之譲家督相続、称又左衛門、格御馬廻御取扱、御用金献納、禄五合五人扶持
　増禄、都合三拾五人扶持
文久（万延）元年申年、鯨組壱岐字前目納屋床、生月字御崎共皆済、上江奉還
無男故、正方之養子忠三郎正恵為養子
文久士《元》酉四月三日卒　　行年三十三
純正院一誉体静道貫居士

室ハ山県三郎大夫《ママ》二女、名ハ佐伊、県氏養女[21]」

この亀太郎正敬は二代山県三郎太夫正明の嫡男でありながら、本家六代又左衛門を相続し、三郎太夫家は養子の正敞が家督をつぐのである。正敞が相続する経緯は後述するが、益冨本家を支える別家の動き、本家への凝縮力の強さをうかがうことができる。

正敬の格式は御馬廻御取扱、禄も五合五人扶持増しになって計三十五人扶持となった。しかし鯨組経営は不漁を続け、この六代目正敬の時、つまり万延元（一八六〇）年壱岐前目納屋床、生月御崎ともお上へ奉還ということになった。三十三歳という若さで亡くなったのも故なしとしない。

それでは正敬は何歳で相続したのであろうか。文久元（一八六一）年の行年三十三歳から逆算すると文政十二（一八二九）年生ということになる。系図上には、何年についだかは記されていないが、仮に先代正弘が亡くなった年に家督相続したとしても、天保三（一八三二）年であるから、正敬四歳の時ということになる。そこで実父三郎太夫正明は正敞に山県家の家督を譲って生月に移り、正敬の後見役をつとめることになった。自分は波右衛門と称していたが、天保十一（一八四〇）年五十歳で亡くなった。正敬十二歳の時であった。

そこで正明の弟正方が波右衛門をつぎ、正敬の後見役を引きうけることになった。この正方にも嫡子がなく、山崎忠左衛門の二男忠三郎を養子としていた。ところが六代益冨正敬にも嫡子が出来なかったため、正方の養子忠三郎をさらに正敬の養子とし、これを七代目正恵とした。正敬は文久元（一八六一）年に亡くなり、家督が正恵に譲られたのである。

益冨家系譜図1

益冨又左衛門本家（I）

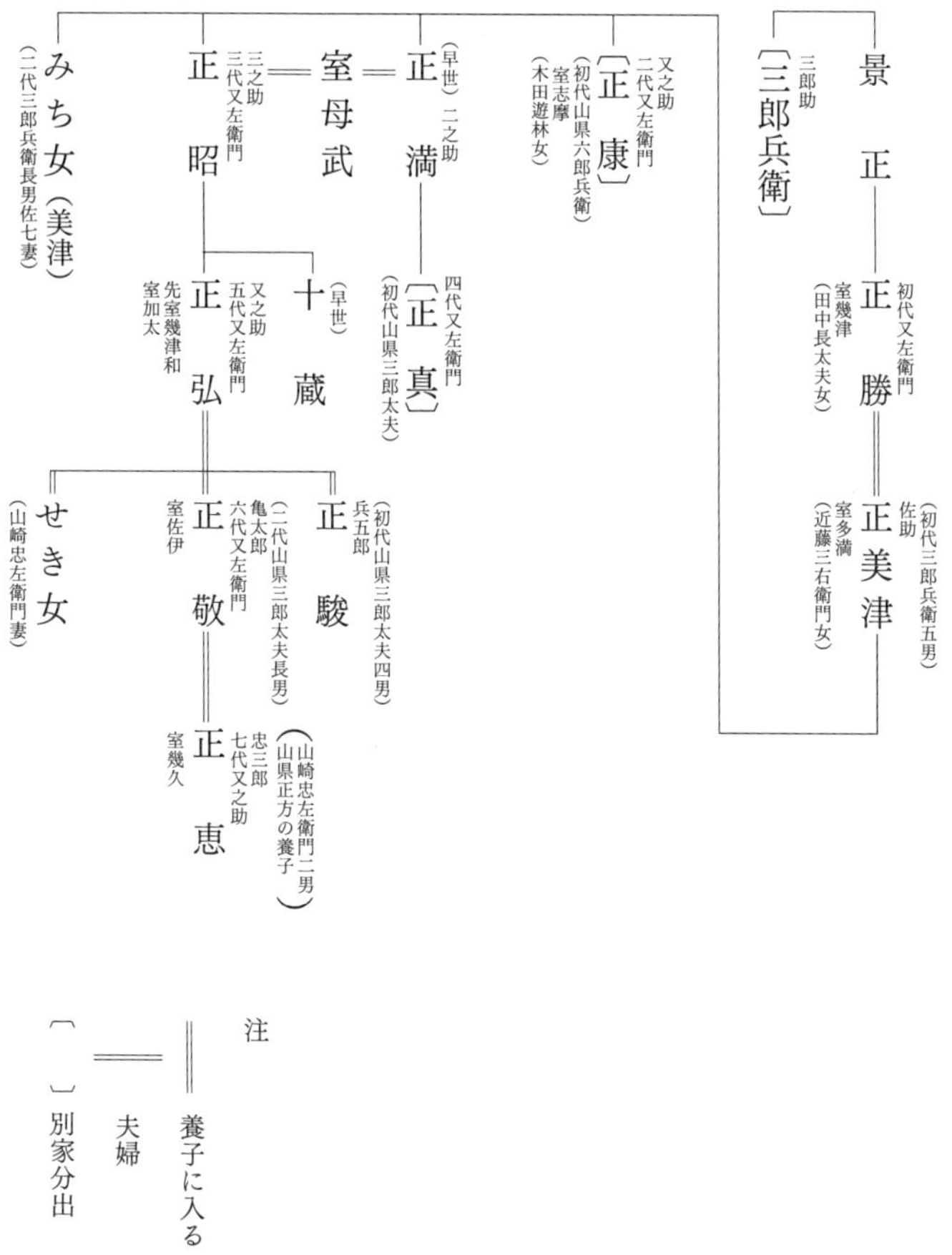

「正恵　初称忠三郎、素正方之養子、本家又左衛門正敬無男故、同家ノ養子相続
養父正敬之受譲家督相続、称又之助(22)」

この七代は又左衛門ではなく又之助と称した。

さて正恵は山県家から益冨家に移ると、実母せきは叔母にあたることになる。なぜならば養父正敬には養女の妹せき女があり、そのせき女の嫁ぎ先が山崎忠左衛門、すなわち正恵の実父であったからである。確かに正恵は二度の養子を経験するが、甥として入るのであってみれば、きわめて自然に本家の七代目として定着したのであろう。

二　山県六郎兵衛家（Ⅰa）

益冨家が「武門へ帰る」理念をもっていたことは上述の通りである。そこで本家の二代又左衛門をついだ正康が別家して、山県姓を興す事情を史料にたずねれば次の如くである。

「一安清《(ママ)》公御居間ニ被為召御咄之節被仰出候者、其方江生月嶋一円可遣哉、又者士ニ可被成召哉、望候様御内々ニ而被遊御意候節、御請申上候者誠難有蒙御意奉恐入候、只今之通りニ而過分之義ニ奉存候、外ニ望之義も無御座旨御請申上候処、先祖之義御尋ニ付、承り伝候者、武田信玄之家臣山県三郎兵衛末孫之旨申上

候処、何ソ申伝等も有之哉ト御尋ニ付、覚（格）別申上候程之義者無御座候得共、武家ニ立帰候時節も御座候ハヽ、苗字之義ハ山県ニ可致、町人躰ニ而山県抔と申候而者、先祖之恥辱ニ付必名乗候義仕間敷申伝ニ而御座候旨御請申上候処、尤成ル義と被遊御意候事、無間も御馬廻ニ被仰付候節、奉願山県ト相改申候、其節名之義ハ三郎兵衛と可改旨御内意御座候へと難有仕合奉存候得共、山県三郎兵衛と申候ハ武田家ニ而重ク被召仕、数度之軍功も御座候由承り伝申候、我ゝ躰之者、其器ニ不相当奉恐入候旨奉申上候所（ママ）、尤之申分ニ付、六郎兵衛と拝領被仰付候間、改名仕候様御達有之候事(23)」

安清公とあるのは享保十三年に藩主となった松浦誠信（安靖・安静）公である。正康が二代を継いだのは、寛延二十二（一七四九）年前後となるが、その後暫く組主を務めてから別家、山県姓を再興した。この別家の時期はいつ頃か明らかではないが、藩主安静公が家督を譲った安永四（一七七五）年二月以前ということになる。

この明和・安永期は、鯨組の経営も定着し、松下志朗氏の計算によれば、この明和二年冬組から安永三年春組まで銀一九五貫目、平均一ヶ年一九貫五〇〇目の運上銀を上納している(24)。町人としては許されぬ山県姓は、鯨組主としての経営が背後にあって、はじめて仕官を可能にしたのである。日本の社会では武家指向性は多少とも強いのであろうけれども、それを可能にする条件の一つに経済的な力があったことは否定できない。

二代又左衛門正康の家督相続の経緯については上述の通りである。その後、仕官して平戸に出ているのであるが、それは短い時期であって、家督を二代六郎兵衛景雄に譲っている。自分は隠居して生月に移り、その地で亡くなった。

「景雄　称六郎兵衛
寛政二年庚戌七月二十三日卒
霊光院明誉映徹宝林居士
室ハ白石祥三郎姉
文化九年壬申九月十九日卒
霊心院徳誉天然□功大姉(25)」

二代六郎兵衛は実父から家督を譲られたが、養子の弟新四郎がいた。新四郎は初代正康が生月へ移って隠居してからの養子であるから、平戸には住んでいなかった。あとにみるように司馬江漢と交わっている新四郎がその人である。

「称新四郎　三郎兵衛八男、正康隠居　生月養而為子、後出テ平戸　県俊太郎開祖(26)」

二代畳屋三郎兵衛八男の新四郎が養子に入り、おそらく正康亡きあと平戸に出て、県家を開いたのであろう。その意味では、新四郎は山県家の世嗣ぎではない。

二代六郎兵衛景雄には嫡男がなく、嫡女布起をはじめ三女があった。その布起の夫として栄吉が婿養子として迎えられ、三代六郎兵衛となった。

二女の幾津和は、本家五代又左衛門正弘の妻となったが、故あって離別し、他へ再婚している。三女幾は丹

益冨家系譜図2

山県六郎兵衛家（Ⅰa）

平戸 正康（元 二代益冨又左衛門 初代 六郎兵衛 又之助）
- 景雄（二代六郎兵衛）
  - ‖ 栄吉（峰谷文之助弟 三代六郎兵衛）＝ 布起女（嫡女）
  - 幾津和女（又左衛門正弘妻）（後 村尾八兵衛妻）
  - 幾女（丹羽又兵衛妻）
- ‖〔新四郎〕（正康隠居して生月にて養子 二代三郎兵衛八男）（後 平戸 別家 県俊太郎開祖）

県俊太郎家（Ⅰa1）

新四郎 県俊太郎 ……（?）…… 県真通

注
‖ 養子に入る
＝ 夫婦
〔　〕別家分出

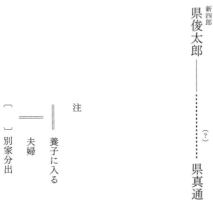

羽又兵衛の妻となった。

以上が山県六郎兵衛家の系譜である。

三　山県三郎太夫家（Ⅰb）

右の山県六郎兵衛家から本家の二代益冨又左衛門正康が仕官分出したように、四代益冨又左衛門正真も別家分出して「武門に帰り」[27]山県家を興し三郎太夫家の開祖となった。

正真が別家して五代正弘が家督を継いだ経緯は上述した如くである。

正真には四男一女があった。長男二之助正明が二代三郎太夫をついだ。

「正明　称山県二之助　山県三郎太夫　二代受実父三郎大夫之譲家督相続、後養野々村氏二男為子譲家督、分居生月、滄海亭　賜禄五合五人扶持幷格大小姓格、後実弟貞三郎為子、譲家督、本家正敬幼少、遷于本家為後見
益冨波右衛門開祖
天保十一年庚子四月十二日卒　行年五十
先室ハ文政元年戊寅七月十一日卒
観涼院秋雲智光大姉

同女同年同月十三日
香山秋露童女
後室ハ平田道甫女　名梶
嘉永四辛亥年七月十八日卒
心光院円室奥鏡大姉
正敬及幾久ノ世ナリ[28]」

この系譜史料はやや複雑である。正明は初め二之助と名乗っていたが実父より家督の譲りをうけた。だが「二之助正明、暫相続致候得共病身ニ付、生月江隠居[29]」した。そのために三郎太夫の家督は正明の養子になっていた野々村安右衛門の二男正敞に譲られて、三代目三郎太夫が誕生した。

だがこの三代三郎太夫正敞は、初代三郎太夫正真の末子、つまり二代正明の妹久良の婿養子として迎えられていたのである。しかし残念なことに久良が早世したために、再び正明の養子となり熊沢右衛門八の妹長を娶とり、上述の如く三代三郎太夫をつぐという経緯があった。

さらに重要なことは、この「系譜」には説明されていないが、正明には亀太郎という嫡男があったことである。そしてこの亀太郎こそ養子として本家の六代益冨又左衛門正敬となった人である[30]。つまり嫡子は本家の系譜を守らせ、山県姓は養子に相続されている。この正敬が幼少のため、隠居した正明は、本家の後見となって生月に帰ることになる。しかし、ひとたび山県姓として仕官した彼は又左衛門家に入るわけにはゆかぬため、益冨波右衛門、滄海亭の開祖となった。

そこで系譜図（Ｉｂ）を波右衛門として展開すれば次のようになる。

正　真 ─┬─ 〔正　明〕……正　明（益冨波右衛門開祖）＝正　方＝〔正　恵〕
　　　　└─ 正　方＝正　恵

「正方　初従伏見宮様歌之助、其後貞三郎ト改称、実兄正明之受譲家督相続、天保十二年三月賜益冨波右衛門、無男、山嵜忠左衛門二男養忠三郎正恵為子、正恵、姓ハ上江伺候処賜飯富、後正恵ハ、大本家又左衛門正敬無男同家為養子
安政六年未四月十四日卒
楽邦院安誉友松居士
室ハ館浦
明治十八年七月廿三日卒
安養院楽誉智邦大姉[31]」

これによると正明が亡くなった翌年の天保十二年三月に弟の正方は波右衛門二代として家督を相続している。つまり山県姓ではなくて、もとの益冨姓であった。またこの正方には嫡男がなかったので山崎忠左衛門二男の

忠三郎を養子としている。だがこれは直ちに益冨姓をつぐことは許されなかった。その経緯を史料にたずねよう。

「一益冨波右衛門之養子飯冨忠三郎ハ山崎忠左衛門ノ二男ニ而、忠左衛門ノ妻ハ益冨正弘之養女也、右之故ニ而忠三郎を養子ニ致、右忠三郎之苗字之義ハ、山県性(姓)ヲ相名乗候而ハ、山県性之義ハ士官(仕)ニ不相成候てハ名乗申間敷段、先祖ゟ申伝有之、益冨性之儀ハ益冨家へ相続不致、且ハ無故内ハ相名乗不申苗字ニ而有之、飯冨性之義者、山県性と縁有る苗字ニ而有之故、松浦乾斎公ゟ拝領被仰付、正恵之義ハ正方之養子ニ而ハ有之候得共、山県・益冨之性ヲ相憚、飯冨性ヲ相名乗せ候、右正恵成長之上ニ而、益冨家之力ニも相成候節ハ、正敬之存念を以、益冨性為相名乗可申哉、先ツ此段相記置[32]」

ここには、家の姓を名のることの一つの厳しい理念が述べられている。二代波右衛門は益冨姓に還ったが、その養子となった正恵は、山県でも益冨でもなかった。その理由は山県姓は仕官しなければ名のってはならぬと先祖より申し伝えられているし、益冨姓は益冨を相続しないでは故もなく名のってはならない苗字だ、というのである。だからその何れでもない飯冨姓を名のった。つまり養子になっても、その家を相続しない間は名のらせないと決められている。

だが本家六代正敬に嫡男が恵まれず、この忠三郎正恵が益冨正恵として七代の当主につくことになった。これはさきにも触れたことだが、もともと忠三郎の母せきは五代正弘の養女、六代正敬の妹分であったから、実母は系譜上は叔母にもなる間柄であった。正恵は五代正弘の孫にもあたっていたわけで、二代目益冨波右衛門

益冨家系譜図3

山県三郎太夫家（Ⅰb）

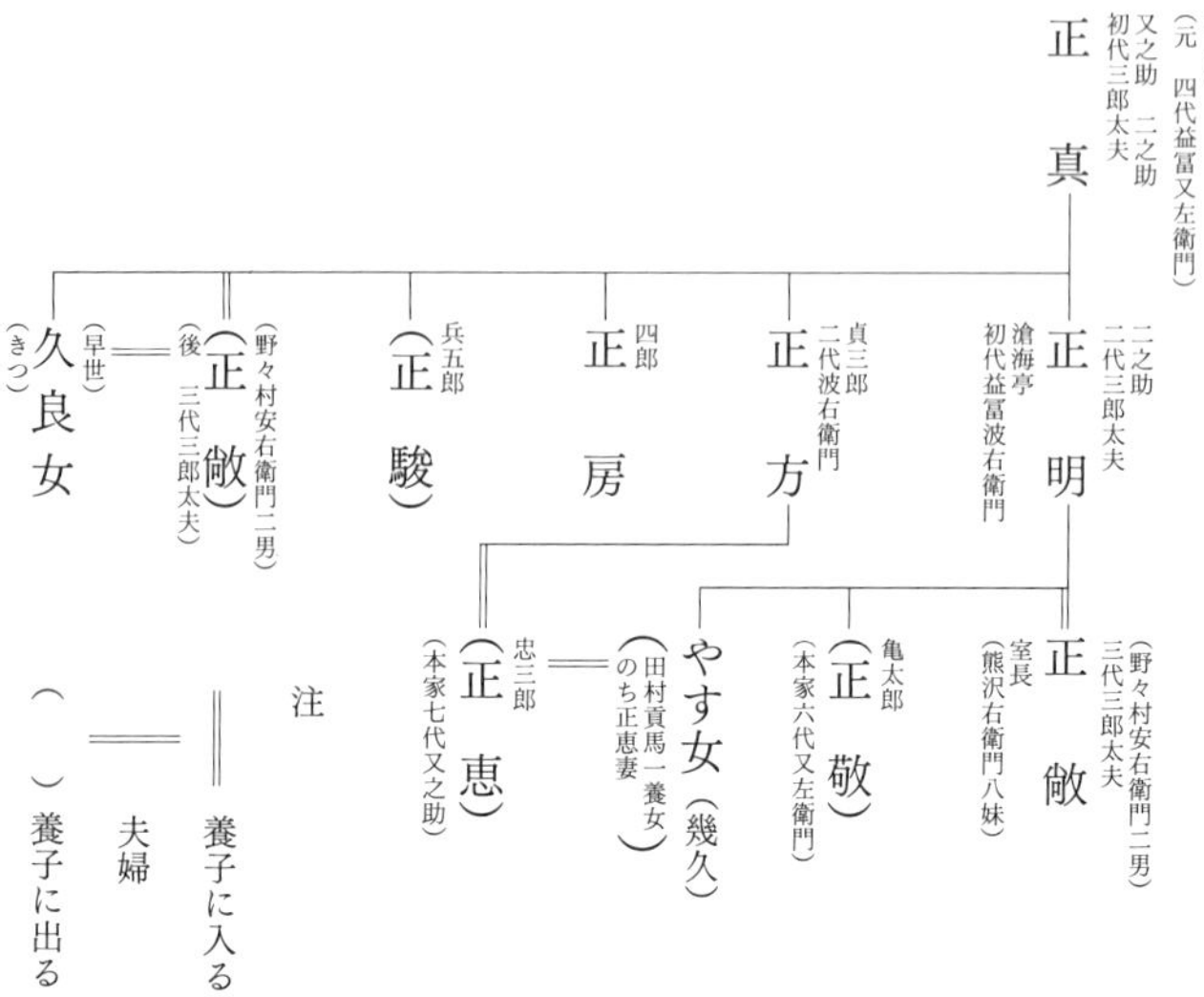

正方の養子ではあるが、系譜的には順当な正当性をもっていたと言いうるのである。

また正恵の室幾久（やす）は伯父正明の子であるから、イトコ女《め》にあたることになる（Ⅰb）。この幾久女、一度は田村貢馬一の養女となったのち、正恵の妻に迎えられるのであるが、系譜上このような手続きをとることは、よく慣例としてみられることであった。

このように七代又之助正恵は系譜の網の目にあるような立場であった。そして山県家からみれば益冨家は「大本家」[33]であって、諸分家から懸命に支えられる根幹であった。

以上、益冨・山県両家をみてきた。益冨家を「大本家」と呼ぶ象徴的な意識は、その継承に並はずれた努力が払われていることと符合する。つまり益冨家は鯨組主として成功し、その二代および四代の当主になった又左衛門が、それぞれ分家して、仕官し山県両家になったのである。身分制の厳しい幕藩社会で、益冨家が「大本家」としての家権威をもって武家の山県家に臨み、山県家も益冨家を本家として認知していることにほかならない。それは社会通念の身分というより、本分関係の、すなわち家の系譜関係に基づくものであったと考える。

四　畳屋系の別家

（1）　畳屋三郎兵衛家（Ⅱ）

鯨組主初代又左衛門正勝が未だ幼少の時、父景正は弟三郎兵衛に妻子を託し、次の二つのことを遺言して亡くなった。その一つが鯨組創業の遺志を継がせること、その二は機会あらば武門に帰り、旧武田家家臣の山県家を再興するように、ということであった。三郎兵衛は従来からの畳屋を名のり、兄の遺言を守って甥と兄嫁を養い、甥正勝が成長したとき、鯨組を創業させたのである。畳屋分家の総帥としての位置を守って、鯨組本家を積極的に支える努力を払った初代三郎兵衛およびその累代の役割は大きかった。

ことに初代又左衛門正勝に嫡男がなかったために三郎兵衛は自分の五男佐助を養子として送りこんだ。しかし佐助は正美津と名のって二代を襲う予定であったのに、家督を継ぐ前に世を去ったために、彼による二代又左衛門は実現しなかった。

だが正美津は三男一女に恵まれていた。その子らの中から、二代又左衛門正康、三代又左衛門正昭が、また孫から四代又左衛門正真、五代又左衛門正弘が家督を継いだのであり、この二代正康、四代正真こそが、それぞれ山県六郎兵衛家、山県三郎太夫家を興したのであった。これ以後は、本家養子には山県家が関わるけれども、畳屋三郎兵衛家の存在は益冨、山県両家にとって重要な続き柄であった。

さて二代三郎兵衛は、初代の長男がつぎ、二男又右衛門（Ⅲa1）、三男徳左衛門（Ⅲa2）、四男治七（Ⅲa3）はそれぞれ畳屋の屋号で別家した。つまり孫分家である。五男が佐助で本家に養子となった正美津であった。

次に二代三郎兵衛は八男三女に恵まれた。長男佐七は、本家正美津の末子みち女を妻としたので、イトコ夫婦であったが、未だ部屋住みのうちに亡くなった。このように本分家間に繰返し養子や嫁とりが行われて、その系譜の確認、血縁の関係を保持している。そして二男彦右衛門（Ⅲb1）、三男徳平治（次）（Ⅲb2）、七男十一郎（Ⅲb3）もそれぞれ畳屋として別家している。さきの二代三郎兵衛の兄弟の分家を第一次孫分家とすれば、三代三郎兵衛兄弟の分家は第二次孫分家である。また四男市郎兵衛は壱州勝本の土肥家の養子となっている。この土肥家は壱岐捕鯨の大組主であって、益冨家と相携えて事業を進めて互に補完しあう両家であった。

五男亀之助は、別家した叔父の畳屋治七家（Ⅲa3）の二代に養子として迎えられ治七を名乗った。六男只七が三代三郎兵衛を相続し、八男新四郎は山県六郎兵衛家（Ⅰa）の養子となるが、のち再びそこから分家して平戸で県俊太郎家を開くことになった経緯はさきに述べた通りである。

新四郎のあとに三人の娘が続くのであるが、長女ちせは畳屋又右衛門家の二代の妻となる。

二女のもとは、田中長太夫の妻に迎えられている。この田中家は、鯨組創業の時、最合いをしたあの田中長太夫家と考えて間違いないであろう。そうだとすれば、発足当時の鯨組経営苦難の折、義絶した間柄ではあるが、やはり姻戚となる関係は大切にされていたのであろう。

三女するは近藤儀左衛門の妻となっている。近藤家は同じ生月島の南に位する館浦であるが、この館浦で捕鯨業がおこされたことはすでに述べたとおりである。

四代三郎兵衛は三代の長男であって、その妻もやは徳三郎家（Ⅳa3）より迎えられているので、フタイトコ

益冨家系譜図4
畳屋三郎兵衛家（Ⅱ）

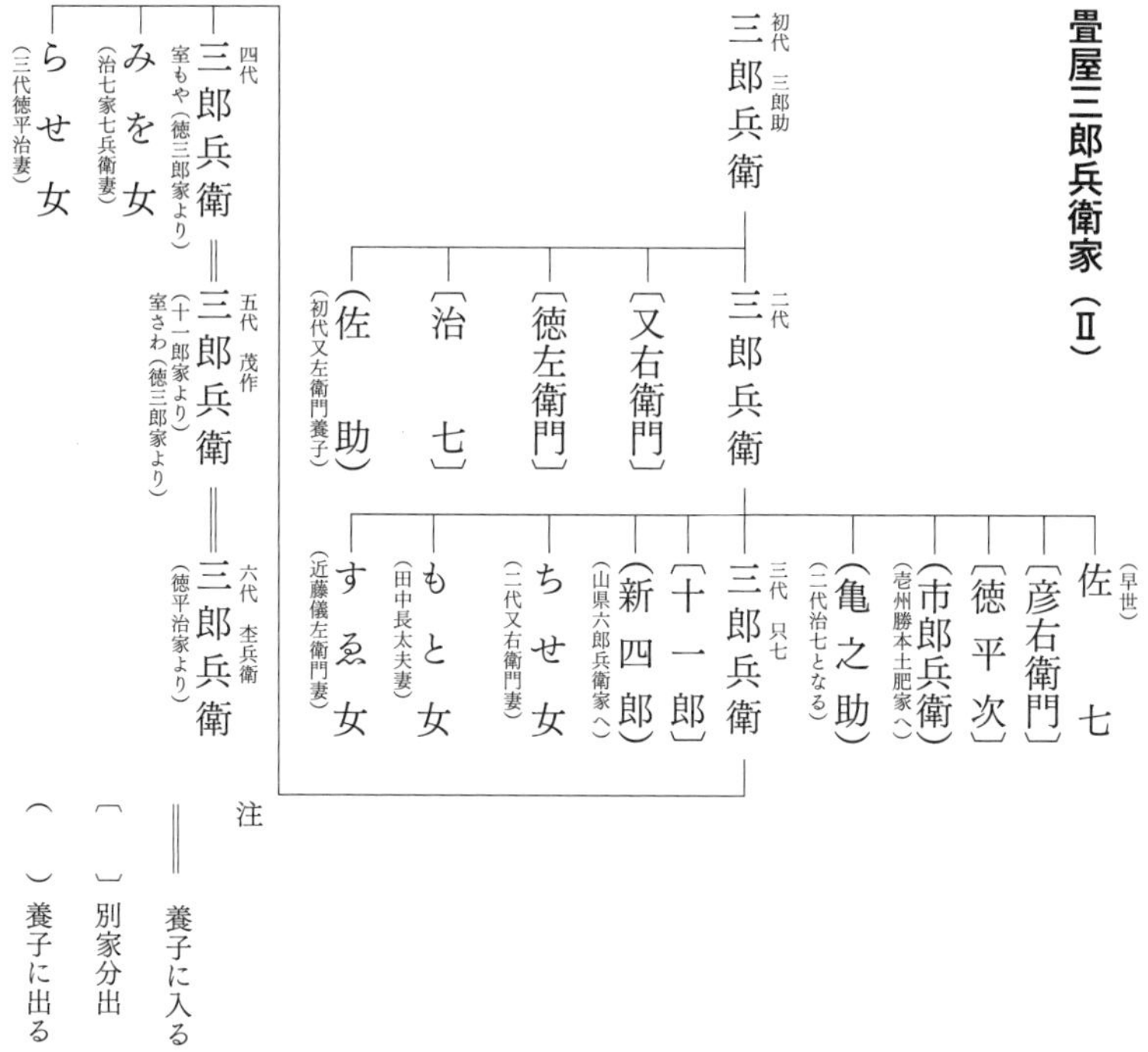

である。四代三郎兵衛の妹みをは畳屋治七家（Ⅲa3）の三代七兵衛の妻となっており、次の妹らせは畳屋徳平治家（Ⅲb2）の三代栄吉、のちの徳平治の妻となっている。この二組の夫婦は何れもイトコ夫婦ということになる。

四代三郎兵衛は嫡男なく、畳屋十一郎家（Ⅲb3）の茂作が養子として迎えられて五代三郎兵衛となり、室さわは徳三郎家（Ⅳa3）から迎えられているのでフタイトコ夫婦である。

六代三郎兵衛も養子で、徳平治家より迎えられた杢兵衛であった。

以上が畳屋三郎兵衛家の初代から六代までの系譜であるが、二代の時に三家、三代の時に三家、合わせて六家の別家を分出している。そしてここでもその畳屋分家間と孫分家の間に種々の養子と嫁の関係が続けられているのである。

（2）　畳屋又右衛門家（Ⅲa1）

畳屋三郎兵衛家二代の兄弟から分出したのが、この畳屋又右衛門家である。この家から、二代又右衛門の弟宗助が宗助家（Ⅳa1）、又四郎が又四郎家（Ⅳa2）、ゑき女が徳三郎家（Ⅳa3）とそれぞれ別家している。

特別な形態をみせるのは、末子ゑき女である。彼女は壱岐郷浦出身の徳三郎の養子となり、別家となった。これを徳三郎家（Ⅳa3）と名づけておいた。ところが二代又右衛門は嫡男がないため、嫡女もりに、イトコの仁助（もりからいえば、叔母ゑきの長男）を婿養子として迎えて、三代又右衛門としている。つまりゑき女は別家して、長男を自分の出自たる又右衛門家に送り、自分の徳三郎家は二男竹五郎がついだのである。同様の例は上述の如く益冨家と山県三郎太夫家との間にもみられる。別家側が長子をその出自の家へ送り、別家自体の家督は二男が継ぐというのは、本家分家関係の系譜を重要視した相互の家関係と考えて良い。

また四代又右衛門には又四郎家（Ⅳa2）の長子住太郎が養子として迎えられている。これも三代と同様、出自と分出先の長子養子である。

以上、畳屋又右衛門家について述べたが、同じく徳左衛門家（Ⅲa2）、治七家（Ⅲa3）は、いずれも畳屋を号し、畳屋三郎兵衛家（Ⅱ）からの分家であり、本家からみれば孫分家である。そしてこれらは、二代三郎兵衛の兄弟から分出したのであるが、三代三郎兵衛の兄弟から分出した畳屋彦右衛門家（Ⅲb1）、畳屋徳平治家（Ⅲb2）、畳屋十一郎家（Ⅲb3）は益冨本家からみて第二次孫分家である。

さらにいえば、二代又右衛門は孫分家であるから、その兄弟からわかれた宗助家（Ⅳa1）、又四郎家（Ⅳa2）、徳三郎家（Ⅳa3）は曾孫分家としてとらえられる。

曾孫分家にはもう一家、畳屋徳左衛門家（Ⅲa2）から分出した豊八家（Ⅳb）があった。

これらの諸別家間の婚姻関係にふれておこう。

（3）　畳屋徳左衛門家（Ⅲa2）

二代徳左衛門の妹すみ女は、畳屋勢右衛門に嫁している。この勢右衛門は、系譜図には現れないので、明らかではないが、益冨鯨組では重要な経営上の役割をはたしている人物である。少なくとも姻戚関係でありながら屋号が畳屋を称していることも注目する必要がある。

二代徳左衛門の長女ためは畳屋彦左衛門妻と史料にはあるが、彦右衛門の誤りである。[34]　畳屋徳左衛門家（Ⅲa2）と畳屋彦右衛門家（Ⅲb1）、つまり第一次孫分家と第二次孫分家との間の婚姻である。

兄の豊八は別家し、末娘のつな女には平戸から瀬兵衛が婿養子として迎えられ、彼が三代をついでいる。

（4）　畳屋治七家（Ⅲa3）

畳屋三郎兵衛家（Ⅱ）から分かれた孫分家である。二代治七は初代と同じ出自である二代三郎兵衛の五男亀之助で、養子に迎えられて家督をついでいる。叔父と甥の関係から養父子関係になった。

三代は二代の嫡男七兵衛がつぎ、その室みをは三代三郎兵衛の長女であるから、イトコ夫婦である。

四代佐七は、三代七兵衛の嫡女きさに迎えられた婿養子であり、その出自は畳屋徳平治家（Ⅲb2）である。

五代豊四郎、六代東九郎、いずれも徳平治家から迎えた養子であるが、五代は四代佐七の実弟であり、六代は佐七・豊四郎の甥である。この東九郎は若年であったためか実父仁兵衛が後見となっている。

益冨家系譜図5

畳屋又右衛門家（Ⅲa1）

- 又右衛門
  - 二代 又吉 又右衛門
    - ‖ 三代 仁助 又右衛門（徳三郎家 ゐき女の子）＝もり女（三代又右衛門妻）
      - ‖ 四代 住太郎 又右衛門（又四郎子）
      - 鉄蔵
      - さち女
  - 〔宗助〕
  - 〔又四郎〕
  - 〔ゐき女〕（壱州郷浦産 徳三郎養子になり別家）

注
‖ 養子に入る
＝ 夫婦
〔 〕 別家分出

畳屋徳左衛門家（Ⅲa2）

- 初代 徳左衛門
  - 二代 徳左衛門
    - ため女（畳屋彦右衛門妻）
    - 〔豊八〕
    - ‖ 三代 瀬兵衛（平戸より）＝つな女（瀬兵衛妻）
      - 政吉
      - 山次郎
  - すみ女（畳屋勢右衛門妻）
  - もい女（平戸宰府屋六太郎妻）

畳屋治七家（Ⅲa3）

- 初代 治七
  - ‖ 二代 亀之助 治七（二代三郎兵衛五男）
    - 三代 七兵衛 室みを（三代三郎兵衛女）
      - ‖ 四代 佐七（徳平治家 増蔵二男）＝きさ女（佐七妻）
        - ‖ 五代 豊四郎（徳平治家 増蔵三男）
          - ‖ 六代 東九郎（徳平治家 仁兵衛二男）
      - きみ女

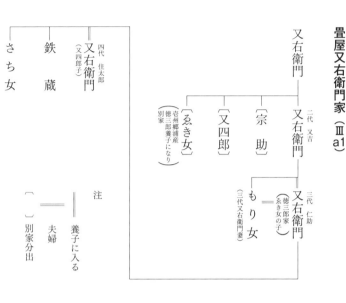

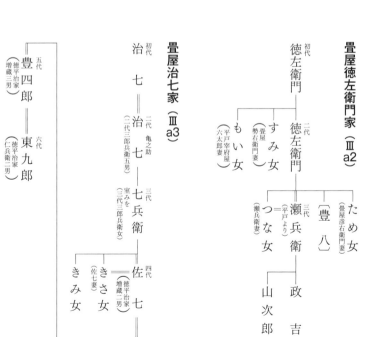

（5）　畳屋彦右衛門家（Ⅲb1）

この家も畳屋三郎兵衛家（Ⅱ）の三代三郎兵衛の兄弟からの孫分家である。室ためは畳屋徳左衛門家（Ⅲa2）からでイトコハン夫婦である。

二代勘助の妹みゑ女は畳屋伝左衛門に嫁いでいるが、この人物も系譜図にはみえない。

三代駒次郎は二代の弟で、彼には嫡男がないため、畳屋徳平治家（Ⅲb2）から養子八太郎が迎えられている。

（6）　畳屋徳平治家（Ⅲb2）

この家も畳屋三郎兵衛家（Ⅱ）三代三郎兵衛の兄弟からの孫分家である。

初代の嫡男栄吉が幼少のため、増蔵が二代をつぐために長女たけの婿養子として迎えられている。増蔵は、壱州の土肥市兵衛家の出であり、土肥家は三郎兵衛家とは姻戚関係にある、鯨組主である。

三代は栄吉が長じて徳平治をついでいる。

三代徳平治の妹ちせ女は、館の近藤義左衛門に嫁いでいる。

二代増蔵の嫡男仁兵衛は、その子東九郎が治七家をついだため治七家の後見となっている。仁兵衛の室とゑは初代十一郎の二女である。

増蔵の子供二人は、治七家の四代、五代をついだことは上述の通りである。

仁兵衛には三男一女があった。長男杢兵衛は三郎兵衛家の六代を、二男東九郎は治七家六代をそれぞれつぎ、三男八太郎は彦右衛門家三代の駒次郎の養子に入っている。たき女は十一郎家三代熊作の妻となる。

このようにみてゆくと、徳平治家は二代が養子の増蔵であるが、その後この家は全部他出したことになる。

益冨家系譜図6

畳屋彦右衛門家（Ⅲb1）

- 初代 彦右衛門　室ため（徳左衛門家より）
  - 二代 勘助
  - みゑ女（畳屋伝左衛門妻）
  - 三代 駒次郎
    - ‖八太郎（徳平治家仁兵衛三男）
    - けい女（畳屋馬次郎妻）
    - むさ女（吉田弐助妻）

畳屋徳平治（次）家（Ⅲb2）

- 初代 徳平治
  - 二代 増蔵 ‖（実子栄吉幼少にて壱州市兵衛より養子）
    - 仁兵衛（治七家東九郎の後見）　室とゑ（十一郎女）
      - （杢兵衛）（六代三郎兵衛となる）
      - （東九郎）（治七家六代となる）
      - （八太郎）（彦右衛門家駒次郎養子となる）
      - たき女（十一郎家熊作妻）
    - （佐七）（治七家四代となる）
    - （豊四郎）（治七家五代となる）
  - たけ女（増蔵妻）
  - みさ女（平戸諸石屋善平妻）
  - 三代 栄吉 徳平治　室らせ（三代三郎兵衛女）
  - ちせ女（近藤義左衛門妻）

畳屋十一郎家（Ⅲb3）

- 初代 十一郎
  - 文三郎
    - 三代 熊作　室たき（徳平治家仁兵衛女）
  - （茂作）（五代三郎兵衛となる）
  - 二代 十一郎　三郎治
    - 四代 登四郎
  - みち女（勢右衛門妻）
  - とゑ女（徳平治家仁兵衛妻）

注
‖ 養子に入る
＝ 夫婦
（ ） 養子に出る

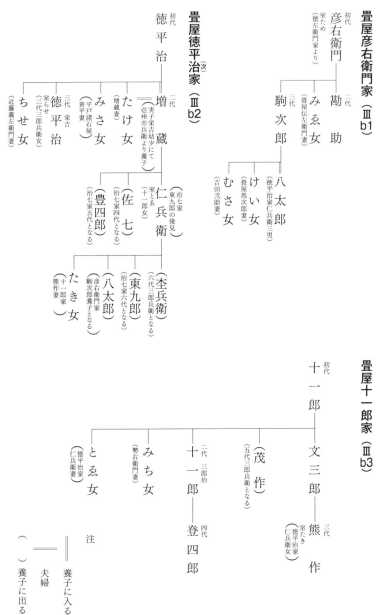

（7）　畳屋十一郎家（Ⅲb3）

ここも畳屋三郎兵衛家（Ⅱ）の三代三郎兵衛の兄弟からの別家で孫分家である。

この家の継承をみると二代十一郎は三男の三郎治がつぎ、三代は長男文三郎の子熊作がつぎ、四代は二代の嫡男登四郎がついでいる。

二男茂作は五代三郎兵衛となり、室さわはフタイトコである。（徳三郎家より）

二代の妹にみち女がいるが、勢右衛門に嫁している。これも、鯨組で活躍した勢右衛門であろうか。

以上、孫分家までの個々についてみてきたが、（Ⅳa1）以下（Ⅳb）までの四家については、個別的関係として、すでに述べてきたので、ここではくり返さない。

これまでに明らかになったことを述べておこう。益冨本家を中心として、仕官＝「武門に帰る」ことを思念した山県家系と、本家初代又左衛門正勝を養育し、鯨組を創始させる上で尽大な努力をした三郎兵衛が、自ら畳屋分家となり、さらに孫分家を出し、曾孫分家まで生んだ畳屋系の二系列が大本家を支えている。

山県家は平戸にあって、資金繰りその他、藩との間に立って経営への側面援助をなし、生月に帰っては本家の活躍を後見その他で支えている。

畳屋系の諸家は、直接鯨組の操業に携わり本家の発展に伴って活躍した。それらに関わる事例はこれから述べてゆくが、同族団としての組織は、益冨本家を系譜の中心＝大本家として守り、仕官した山県家は藩との仲立ちをし、畳屋系譜分家は経営に積極的に参加しながら、やはり本家を盛り立ててゆく。この同族組織を基盤とした姻戚その他を含む親族組織が鯨組を経営していたのである。以上、縷々述べてきたが、本家を中軸とし

益冨家系譜図7

畳屋宗助家（Ⅳa1）

宗助
- 忠次郎（家督）
- 小八郎（家督）

畳屋又四郎家（Ⅳa2）

又四郎
- （住太郎）（四代又右衛門になる）
- （種三郎）（徳三郎家竹五郎養子となる）
- 音三郎（?）
- うら女（平戸より養子家督）
- せみ女（尾崎又太郎妻）

畳屋徳三郎家（Ⅳa3）

ゑき女〔壱州郷浦産 徳三郎養子になり 又右衛門家より別家〕
- （仁助）（三代又右衛門になる）
- 竹五郎 ＝ 種三郎（又四郎子）
- もや女（四代三郎兵衛妻）
- さわ女（五代三郎兵衛妻）

畳屋徳左衛門家より別家（Ⅳb）

豊八 ―（?）

注
- ＝ 養子に入る
- 〔　〕別家分出
- （　）養子に出る

て互いに補完しながら同族結縁する日本的経営体は、日本の歴史的特質を示していることも確認しておかねばならないと考える。

註

（1）当益冨家は女子の嫁ぎ先、つまりその夫が、経営の重要な地位について、旦那様につかえている。系図上ではこれ以上のことはわからないが、後述の本論から自ら明らかになるであろう。

（2）有賀喜左衛門『農村社会の研究——名子の賦役——』河出書房、一九三八年（後に「日本家族制度と小作制度」『有賀喜左衛門著作集』Ⅰ・Ⅱ　未来社）・同「同族と村落」（『著作集』Ⅹ）・同「鴻池家の家憲」「家の系譜」（『著作集』Ⅶ）・「家の歴史」（『著作集』Ⅺ）その他。喜多野清一「同族組織と封建遺制」（日本人文科学会編『封建遺制』有斐閣、一九五一年）。

（3）及川宏『同族組織と村落生活』未来社、一九六七年。

（4）中野卓『商家同族団の研究　商家をめぐる家と家連合の研究』未来社、一九六四年。

（5）中根千枝「日本同族構造の分析」（同著『家族の構造——社会人類学的分析——』東京大学出版会、一九七〇年）・同「『家』の構造」（東京大学公開講座11『家』東京大学出版会、一九六八年）。

（6）益冨家文書 No.1958, 1959（以下同家文書は、ナンバーのみ記す）。

（7）同家の「系譜」関係史料はすべて「別家」という語を使用している。厳密な意味における「分家」と「別家」の区別はここではせず、当家史料に使われていることと九州のこの地方では「別家」を普通に使うので、本論もこのまま使用することにした。No.1958。

（8）「嘉永二己酉年閏四月上旬写之　先祖山県氏系譜　益冨正敬」No.1957。

（9）No.1958, 1959。本文への引用は No.1958で、文中「下鯨組」とあるのは No.1959では「下モ組」となっている。

(10) 益冨家文書「益冨氏系譜」(この史料には整理番号を付けていない)。

(11) ここで年齢が多く出るが、数え年で計算する。

(12) 前掲、No.1958, 1959。

(13) 前掲(8)。

(14) 「義絶ト云ハ、百姓町人ニハ無、武家計也、百姓町人ニテハ旧離、武家ニテハ義絶ト云、仕方ハ前条久離同然、義絶モ目上ノ者且本家ヲ分家ヨリ義絶ハ不レ成、勿論他人ヲ義絶ト云コトナシ、隣家等親族同然心易致タル所、何ゾ子細有不和ニ成、互ニ出入等不レ致トモ、夫迄ニテ義ゼット申筋ニ無レ之、旧離ハ目上ノ親族不レ加シテハ難レ成ケレドモ、義ゼツ従弟同士ニテモ本家末家ノ無二差別一義ゼツ致、相互ニ頭支配ヘ届相済、双方勤仕ノ身分ニテモ、義ゼツイタスコト有レ之也」(「地方凡例録　巻七」『日本経済叢書』巻三十一、四五三頁)。

(15) 前掲(10)。

(16) 右同。

(17) 右同。

(18) 右同。

(19) 右同。

(20) ジーボルト著、斎藤信訳『江戸参府紀行』(東洋文庫八七、平凡社、一九六七年)一〇四～一〇六頁。牧川鷹之祐氏はシーボルトに会ったのは又左衛門正弘だとしておられるが、五代正弘は天保三(一八三二)年六月十二日五十六歳で亡くなっているから、間違いないであろう(牧川鷹之祐「西海捕鯨考」『筑紫女学園短期大学紀要』第三号、一九六八年)。

(21) 前掲(10)。

(22) 右同。

(23) 「嘉永二己酉年閏四月上旬写之　先祖山県氏系譜　益冨正敬」No.1957。

（24）松下志朗「西海捕鯨業における運上銀について――平戸藩領生月島益冨組を中心に――」（『福岡大学三十五周年記念論文集、人文編』、一九六九年）。
（25）「益冨氏系譜」。
（26）右同。
（27）「益冨氏系譜」。
（28）右同。
（29）「益冨畳屋両家伝記 益冨正方」No.1958 「益冨畳屋両家伝記　益冨正敬」No.1959（以下「両家伝記」と略す）。
（30）右同。
（31）前掲（27）。
（32）前掲（29）。
（33）「益冨氏系譜」の「正方」の項。
（34）「両家伝記」No.1958, 1959。

第二章　捕鯨図誌『勇魚取絵詞』考

はじめに

近世最大の漁業経営は捕鯨業であった。四大捕鯨地として熊野・土佐・長州および西海が挙げられるのが常であるが、四囲に海を持つわが国は、各地で鯨が捕獲されていた。例えば北海道ではアイヌ人たちにもその遺品が発見されるし、東北の釜石、房総の勝浦、その他日本海沿岸、隠岐などである。だがそれらは小規模であるか、または流鯨《ながれくじら》といわれる死鯨が沖に浮流するものを獲るか、寄鯨《よりくじら》といわれて、岸に流着したものを解体、利用する程度である。言うまでもなく、巨大な動物である鯨を、当時の漁業技術で、積極的に、発見・追跡・追い込み・銛を突き立てて捕獲するには、大変な努力が必要であった。そのことを経営の立場からいえば、莫大な資本と労働力、そしてそれを指揮する経営の長としての組主の手腕が必要であった。

捕鯨の組織を、当時、鯨組と呼んでいたが、浦方に見られる一般の網元とはひと色違った性格をもっていたのが鯨組々主であろう。捕鯨の季節は、大体のところ小寒の十日前の頃から、年を越して、春の土用が明けて二十日ばかり後の頃までである。このシーズンに備えて、八月中旬頃から網・船・納屋場その他諸道具の整備に入ってゆく。これらの作業万端を進めて、捕獲に支障ないよう細心の注意が払われる。それら全過程の生産労働を考えれば、厖大な労働力を必要としたことは言うまでもない。それは単なる労働集中でもなければ労働力の掻き集めでもない。一つの体系立てられた作業組織であった。殊に捕獲が開始されるや、寒冷の海に壮絶な闘いが展開されるのであるが、移動する目標を捕えて、臨機応変の対応をしながら、確実に終極目的の捕獲に近づくためには、練達の指揮者と、それに従う、熟練で身につけた高度の技術をもった加子《かこ》たちの乱れのない組織が形造られていなければならなかった。こういう意味で、鯨組は日本近世の最大経営体となったのであるが、その労働の分業と協業は、見事というほかはない。

かつてマニュファクチュア論争において、土屋喬雄氏が、服部之総氏を批判するために、この鯨の解体処理の過程を「鯨加工マニュファクチュア」として例証されたことは周知のとおりである。(1) 鯨組という一大組織は分業に基づく協業によって作業体系が成り立っているというのである。この土屋氏が使用した史料が、『勇魚取絵詞』（いさなとりえことば）という木版折本上下二冊であって、それは別冊の『鯨肉調味方』という小型書冊本とから成っている。

この『絵詞』（以下このように略す）は、肥前国平戸藩生月島に根拠地をもつ組主益冨又左衛門の捕鯨業全体を詳細に述べた絵と文章で構成されており、まさに絵ことばの名にふさわしい。さらに生産品である鯨肉を中心とした料理法、美味しく食べる加工法まで付録としている一組の本である。この『絵詞』は、近世捕鯨業、特に西海捕鯨史の研究では、従来屢々引用されてきたが、この『絵詞』自身のことは必ずしも明らかにされていない。そこで、『絵詞』の成立過程を辿ることによって、その出版の経緯と意味を考えてみたいと思う。

一　本書の概要

「生月嶋《いきつきしま》は平戸《ひらど》の属嶋《ぞくたう》にて、城邑《じやうか》より西のかたの沖中《おきなか》三里許《ばかり》にあり。南北三里許、東西卅町許にて、その形《かたち》狭《せば》く長き嶋なり。東南の海は地方《ぢかた》に属《つき》て、浪もおだやかなれど、西北は遙《はるか》に朝鮮《てうせん》にさしむかひ溟渤《おほうみ》のかぎりしられず。岸《きし》は屏風《びやうぶ》を立《たて》たるごとく削成《けずりな》せるに、ともすれば洪濤《おほなみ》いかめしくよせ来る貌《さま》、おそろしさいふばかりなし。然《さ》れば舟がゝりの便《たより》もなく、人の住処《すみか》はた少《まれ》なり。東南の方によりて、舘浦《たちうら》、一部浦《いちぶうら》、御崎浦《みさきうら》など其外の在家《ざいけ》、また船がゝりの処もあンなり。此一部浦《いちぶうら》に益富《ますとみ》又左衛門とて、代々豪富《がうふ》の者住《ものすめ》るが、篤実温淳《とくじつをんじゆん》のきこえあり。鯨捕《くぢらとる》ことを産業《なりはひ》とし、所々の網代《あじろ》を指揮《しき》す。(2)」という書き出しで始まる『勇魚取絵詞』は、達意の文で終始している。

この書は木版本上下二冊から成る折本の大型であって、布表紙をもった堅固な装丁と木箱に入れられた豪華さは豪富の益冨氏であったからこそ当然であるが、後述のように平戸藩の後ろ楯をうけて初めて可能であった。

まずこの書の内容について触れておこう。まず「上」は「生月嶋《いきつきしまの》全図」の項による右に引用した書き出しに始まり、「生月《いきつきの》御崎《みさき》納屋《なやの》全図」「生月《いきつきの》一部浦《いちぶうらの》苧綯《をなひの》図」「生月《いきつきの》御崎《みさきの》納屋《なやの》網作《あみすきの》図」「生月《いきつきの》御崎《みさきの》納屋《なや》場前《ばまへ》細工《ざいくの》図」（二図）「生月《いきつき》一部浦《いちぶうらの》益富《ますとみが》居宅《いへの》組出《くみでの》図」「生月《いきつきの》御崎《みさきの》西沖《にしのおきに》下鯨《くだりくじらを》見出《みいづる》図」「生月《いきつきの》御崎《みさきの》沖《おき》座頭鯨《ざとうくぢらを》網代《あじろに》追入《おひいるゝ》図」「生月《いきつきの》御崎《みさき》沖《おきに》背美鯨《せびくぢらを》掛取《かけとり》突突《もりつく》（ママ）図」「生月《いきつきの》御崎《みさき》沖《おきに》背美鯨《せびくぢら》一銛《ひともり》二銛《ふたもり》突印《つきしるし》立《たつる》図」「生月《いきつきの》御崎《みさき》沖《おきに》座頭《ざとう》子持鯨《こもちくぢら》剣《けん》切図《きる》」「生月《いきつきの》御崎《みさき》沖《おきに》持双船《もっそうぶね》鯨《くぢら》掛《かけ》挟《はさみ》漕立《こぎたつる》図」「生月《いきつきの》御崎浦《みさきうらに》鯨《くぢら》掛取《かけとり》漕込《こぎこむ》図」「生月《いきつきの》御崎《みさきの》納屋場《なやばに》背美鯨《せびくぢら》漕寄《こぎよする》図」「生月《いきつきの》御崎《みさき》納屋場《なやばに》背美鯨《せびくじら》切解《きりとく》図」「生月《いきつきの》御崎浦《みさきうら》大納屋《おほなやの》図」「生月《いきつきの》御崎浦《みさきうら》小納屋《こなやの》図」「生月《いきつきの》御崎浦《みさきうら》骨納屋《ほねなやの》図」「生月《いきつきの》御崎《みさき》納屋場《なやば》羽指《はざしを》躍《どりの》図」にいたる二〇枚の絵と、それに詳細なる説明が付けられている。

次に「下」は、背美鯨・座頭鯨・児鯨・背美鯨子・長須鯨などの諸姿態を描いた図を掲げ、さらに鯨体の各部分、例えば皮・肉・骨などを描き、解剖図から「臓腑表面之図」「臓腑裏面之図」まで鯨体の極めて正確な絵図が掲げられ、あたかも人体解剖の図が当時のオランダ医学書に則って描かれたように、鯨体を分解して正確に描いた観がある。そのあとには「筋制(ママ)作の図」から「一番親父船印《いちばんおやぢふねしるし》」へと移り船・網・揖・碇から捕獲・解体の諸道具が描かれて、それぞれに事細かに説明が付けられている。以上の絵図が二〇枚であって、最後に「勇魚取跋」が書かれて「下」の巻は終る。

この「跋」は三枚にわたるが、「ちはやぶる神の御代に」から始まる、人間と鯨の関わり合い、西海地域の捕鯨から日本・中国の古文献にわたって述べられ、その文章は要にして簡であり「御代の名を文政十二年といふとしの秋のはじめに。江戸平小山田与清謹識[3]。」と結んでいる。

以上、「上」「下」の大型折本の外に、『鯨肉調味方』が付けられ、こちらは中型書冊木版本である。題するように、その鯨体各部の説明から、料理の方法、味まで適切に述べられている。例えば

「黒皮《くろかは》
鯨の皮なり。表は黒漆のごとくにて、鱗なし。厚さ二三分。裏に白き皮附きたり。その厚さ脊の方は八寸ばかり、腹脇の方は一尺二三寸ばかりなり。右の黒皮に、白皮厚さ七八分附《つけ》て、広くへぎたるを

黒皮といふ。脊美鯨の皮、最佳味也。

薄く切て、生醤油《きじやうゆ》、又は煎酒にて食べし。

煎焼《なべやき》によし。

酒にてときたる味噌、又は生醤油を付て、鋤焼《すきやき》にすべし。

鋤焼とは、古き鋤のよく摩《すれ》て鮮明なるを、熾火《おきび》のうへに置わたし、それに切肉をのせて焼をいふ。鋤にもかぎらず、鉄器のよくすれて鮮明なるを用べし。

湯煮《ゆに》にして薄く切、煮ものに、太煮《ふとに》ごばう。川茸。貝わり菜。又は小形に切て、はんへん、牛房(蒡)、きくらげ、など。葛かけ、わさびにてよし。脊美の皮を揚ものにし、薄く切て、生醤油、煎酒、などかけたるがよし。又湯煮にしたるを、右の仕法にて食ふもよし。

揚物とは湯煮をして、鯨油煎る時、同く其釜に入て揚たるを云。油揚は味久く損せず、湯煮の儘なるはあざれやすし。

座頭鯨の生皮は、薄く切て、三盃酢にて食べし。又野菜を取合せ、酢みそにあへても用ふれど、三盃酢より味劣れり。(4)」


というように、黒皮のみでも、これほど詳細に教え伝えている。これが片皮・テイラ・三合《みつあひ》等々、鯨は全く捨てるところがないといわれるとおりに、鯨油や骨粉を採ったあとの食糧として、その調味方法を教えている。

そしてまた最後に、

「料理献立集六月の汁の条に、しほくぢら、茄子、牛房、ずゐき、茗荷云々。田舎雑汁の条に、鯨、大根、茗荷、蕗云々。(5)」

等々諸書から引用された様は、まさに博識そのものであり、

「四条流庖丁書美物上下之事《びぶつかみしも》の条に、鯨は鯉より先に出して不レ苦よしあれど調和のやうを記さず。古事記、日本紀などに載《のせ》たる、神武天皇の大御歌に、勇妙《いすぐは》し、鯨障《くぢらさや》り、とあるは、大饗《おほみあへ》のをりの御饌物《みけつもの》に、鯨有しに就《つき》て、詠出《よみ》たまへるなゝめれど、其製法知べきやうなし。日本紀、万葉集、などの歌に、鯨魚取《いさなとり》を詠《よめ》るがおほかれば、上古もはら食料にせしものとみゆ。(6)」

と結んでいる。記紀や万葉からの引用で歴史的には考証の余地はあるにしても、近世後期の段階で、古代の食と生活までを含めた把握がなされているのであって、さきに示した署名者小山田与清と思われる、国文学者としての面目躍如たるものがある。

以上この著についての内容を紹介したが、従来からこの著については確定的なことは述べられてこなかった。その点について、節を改めて述べてみよう。

二　本書の成立についての諸説

『勇魚取絵詞』が、どのようにして成立していったのかは、未だ必ずしも明らかではない。ここではまず、その成立過程を、どのように諸先学が考えてきたかを辿り、そのあと史料に拠って、明らかになしうる限りを述べてみよう。

この『絵詞』は『日本科学古典全書』の第十一巻として、昭和十九年三月に三枝博音氏の編纂によって覆刻されているが、それに三枝氏自身、解説を付けている。その最初に「この書には国文学者小山田与清の跋文が附してあるが、それには文政十二年と記されてゐる。明治二十年代にできた『水産書目』には本書を「天明三年平戸藩出板」としているが、天明三年といへば小山田与清の生れた年である。それで天明板があったとすれば益富又左衛門の先代か先々代のときであらうが、今のところ不詳である。[7]」と述べられている。この『水産書目』に天明三年とあるのは誤りであって、天保三年が正しい。そのことは後述のとおり、次第に明らかになってゆくであろう。

さらに同氏は「この書の著者が誰であるかに就いては多少問題がある。板本で見ると、益富又左衛門・小山田与清と列べ記されてゐる[8]」としながら「益富を第三者として」いるところから「益富はこの書の成立に於て重要な関与者ではあるが、筆を取った当人ではないことがわかる。[9]」とされ、他方では「小山田与清が「勇魚取跋」なる文を書いてゐるが、それでみると、自著への自跋とはとれぬ点がある。(中略) かやうにして、与清が文を綴つたのではないにしても、与清は著述の労作上、直接の関係者であって、又左衛門は著作刊行の企ての全体の関与者であつたといふやうに見るべきであらう。[10]」と推察している。

次に福本和夫氏は「わが捕鯨図説の四系統[11]」で、多く残存する捕鯨図説を紀州系・小川島系・大槻系と生月島系の四系統に大別され、「生月島系に属するものには、司馬江漢の「生月捕鯨見聞図説」と「勇魚取絵詞」がある。前者は寛政六年、後者は文政十二年頃の作と考えられる。江漢はわが国蘭画蘭学の先駆者だけに、その絵図にも観察にも精彩にして、他の追随を許さぬところがある。「勇魚取絵詞」はわが捕鯨図説中の最も有名なるもの。[12]」と二つを挙げて、高い評価を与えられている。だがここでいわれる「生月捕鯨見聞図説」というのは、氏も述べられているように[13]、福本氏が名付けられたものであって独立した一本があるのではなく、正しくは『西遊旅譚』のうち天明八年十二月四日に生月島へ渡り、同九年《(寛政元)》正月四日に島を離れる満一ヶ月を中心とする捕鯨絵日記である。この書物全体は天明八年四月二十三日江戸を発して、翌年四月十三日帰府するまでの旅絵日記であり、寛政六年に刊行されたが、その後『画図西遊譚』として再刊され、さらに文化十二年三月増補して『江漢西遊日記』六巻として刊行されたものである。

さて福本氏は、この江漢の役割が、『絵詞』が生まれる上で重要であったことを指摘している。さらにそれ以前、つまり「寛政九年の夏、かねて江漢の知友であった蘭方医の大槻磐水は、平戸藩主の請に応じ、その江戸にある本邸の学舎に往来し、その医員等のために、オランダの解剖医学書を講読することとなったが、それを機縁に、磐水は平戸藩主の侍医芥川祥甫と鯨談数次、九州の捕鯨に関する見聞をひろめることができた。寛政十二年になり、生月島の益富又之助との間にしばしば尋問応答並に書面往復の密接なる関係を生じて、大いに得るところあり、享和の初、『鯨漁叢話』を著した[14]」とされている。にもかかわらず、他方では大槻磐水の文を「またそのご庚申（寛政十二年）春、その藩士山県又之助、その公事《クジ》を以って江戸にきたる。（生月島益富又左衛門同族也)[15]」と引用されている。藩士としては、益冨姓ではなく、山県姓が正確である。又之助については後述する。

このように磐水は蘭方医として鯨体解剖図の作成のために大いに功績があったが、それはさらに磐水の子供子節（磐里）と同族の清準が九州へ旅をすることになった時「平戸に赴いて捕鯨を見ることをすすめた。その結果、二人は平戸にしばらくとどまって捕鯨を見たのであるが、このときの紀行文が清準の『鯨海游志』である。[16]」と大矢真一氏も述べているように、磐水の勧めで、捕鯨および鯨体研究の層を次第に厚くしている。このような経緯を辿って、清準の大著『鯨史稿』が書かれるのであって、それは文化五年のことと考えられている。

その後「文政九年には（中略）シーボルトが江戸参府のかえりに、下関で、益富又左衛門は、この博物学者とも、鯨談をかわしている（中略）。文政九年といえば『勇魚取絵詞』より、わずかに三年ばかり前のことである[17]」（傍点は引用者）と、福本氏はシーボルト、さらに高野長英との関係を他所でも指摘されている。（これは些細なことであるが、シーボルトのかえりではなく江戸へ行く途中の旧一月二十一日である。）ただシーボルトは「そこにはたくさんの患者が待っていた。その中には平戸の捕鯨業者がいて、前述した医師高野長英の捕鯨に関する論文は、この人に負うところがすこぶる多い[18]。」と述べているだけで、この日記文のみからは、又左衛門であるか否かは、必ずしも明確ではない。だが同氏が引用されたそのあとのシーボルトの文章から益冨であると考えられ、それならば五代又左衛門正弘ということになろう。正弘は、この年五十歳である。

かくてこの年から三年あと「勇魚取跋」に小山田与清が「謹識」したように、文政十二年に『絵詞』が出されたとすれば、福本氏のいうように「一八二九年のことだから、江漢の『画《(マヽ)》図西遊旅譚』より三十五年ののちにあたる[19]。」ことになる。さらに同氏は「そして、『画《(マヽ)》図西遊旅譚』の改訂加筆版『江漢西遊日記』とは、不思議にも同年である。[20]」とその因果関係のような指摘をされている。確かに寛政六年に『西遊旅譚』が出て三十五年目に「勇魚取跋」が書かれているが、『江漢西遊日記』は、江漢自身が巻末に「廿八年以前遊歴したる時、日々記《シルシ》たるを以テ爰に誌しぬ。文化乙亥（十二年）三月也。西遊日記と題号す。[21]」と述べているとおり、文化十二年の刊行であって「不思議にも同年で」はない。それはともかく、同氏は生月島系の図説は大槻系が、色々な意味で関係を持っていることを明らかにされた。その上で、『絵詞』が捕鯨図説で最高のものの一つであるとし、それは平戸侯の学問への情熱、蘭学者や画家・国学者・捕鯨業者の厚い基盤の上に生まれたものであることを説かれるのである。そして「『勇魚取絵詞』は、その記述が、絵巻の類よりはるかに精しく、微に入り細にわたっている上に、附録として、『鯨肉調味方』さえそえている。この『鯨肉調味方』だけでも、立派な一小冊子で、捕鯨絵巻には、ちょっと見られないものである。[22]」とここでも高い評価を与えておられる。

次に牧川鷹之祐氏に移ろう。氏は「西海捕鯨考[23]」で多角的に西海各捕鯨地について論じておられるが、その中の五・六章に「西海捕鯨の文献」について述べておられる。まず福本氏の説に拠って、捕鯨図巻を、同じように四系統に分けた上で、西海地域の文献を個別的に挙げ、それに説明をつけ、考えを述べている。その各々に触れる余裕はないが、例えば(3)として「司馬江漢『生月島捕鯨図説』一巻寛政六年1794[24]」とされている。これは上述したように、福本氏が江漢の書物の一部分、生月に関するところに名付けたものをそのまま使われたもので「和蘭画の開祖ともいうべき司馬江漢が、天明八年1788江戸を出発して長崎に来り翌年江戸に帰ってから著したもの。[25]」とされている。『西遊旅譚』は「校本五冊世に行はる。」とされているのに、牧川氏は一巻とされているのは、あるいは五冊の中の、生月関係が収載されている一冊を指されたものであろうか。

さてその(7)に「益冨又左衛門『勇魚取絵詞』二帖文政十二年1829」とされて次のように述べられる。「平戸生月島の鯨組主である五代目益富又左衛門は、日常見聞している捕鯨の有様や漁場の状態、鯨船や網、銛その他の捕鯨道具、鯨体の内景、解体した鯨肉、鯨骨等の名称や利用の方法、鯨油等の工業的製造法、さては刃刺共が出漁、仕事納めの際及び年頭に踊って気勢を挙げる刃刺踊、その時謡う歌詞等まで、あます所なく収録した一大捕鯨絵巻を著し、益富家の事業を後世に残そうと考えて、この『勇魚取絵詞』を著したものと思われる。本書は濃淡の黒色二色木版刷りの折本で上下二巻より成る美本、その絵も文も誠に見事なる出来栄えである。本書の跋文は当時江戸の国学者として有名であった小山田与清の手になっているが、その解説文なり図なりから考えて、恐らくは資料だけは五代目益富又左衛門正弘が提供し、解説文は小山田与清の門下の人達、図は相当に版下書きに馴れた画家の手に成ったものと考えられる。本書中に収めた「背美鯨骨組竝名目」の題下に記された鯨体の形態、骨骼を図解している部分は他の類書に比較して正確をきわめ、特に出色のものであるといわれている。これは恐らく本書のできる数年前の文政九年1826二月二十七日に又左衛門正弘が、高野長英の手引で当時長崎出島の和蘭商館に館医として来朝していたシーボルトの江戸参府の往路に下関で会見し、鯨について会談した事実（シーボルト著の『江戸参府紀行』にその記事がある）からみて、又左衛門は多少洋式の鯨の解剖についての知識をもっていたと思われ、その影響によるものであろう。

なお本書にも前に作られた木崎攸軒の『獲鯨図説』や生島仁左衛門の『小川島捕鯨絵巻』、及び大槻清準の『鯨史稿』などの諸書が多分に参考とされていることは明らかである。本書には別冊として「鯨肉調味方」と題し、鯨肉の調理方を説明しその美味であることを強調して食肉を奨めた一文が添えられていることも注目に値する。[26]」

この説によれば五代又左衛門が重要な役割を果たし、捕鯨の資料はもちろんのことであるが、ある程度解剖までの知識をもっていたのではないか、とまでいっている。文章は小山田門下生で、図は相当に出来る人達によったのであろうとしている。また、さきの四系統区分からいけば、福本説に、さらに小川島系の影響を強調しているのが特徴であるが、具体的指摘はない。

最後に桜田勝徳氏の解説にふれておこう。厖大な組織をもつ鯨組事業の仕組を、誰にでもわかるように書き著しえた『絵詞』の成功は「この事業を精確に記録化しようといふ意欲が事業者側に十分にあって、各部署ごとの資料がそれに応じて整備し集められなければ、でき上る筈もなかったと思う。[27]」と益冨側の主体性をまず基本とされている。その上で、小山田与清が記した跋文の中には、与清の自画自讃ともとれる部分があるが、それも「このような絵詞の作成を意図した業主益富の志をたたえたものとしてうけとりたい。とすると、資料の整備やその配列、解説文の構成、文案までが益富側で十分に用意し、板本刊行に当っての成文粉飾に国文学者が参加した程度であったろうと考えられる。[28]」と結論付けられる。だがこのような文化的創造は一挙に生じるものではない。同氏は『絵詞』がこれ以前に著されている諸絵巻や諸記録から影響をうけたことを述べた上で「攸軒絵巻（安永二年）、生島絵巻（寛政八年以後）という小川島捕鯨による絵巻の系譜的線上にこの絵詞はまさに位している。本書の解説構成は生島絵巻に負うところが大であったばかりではなく、益冨又左衛門の本書作成念願もまた生島の発意やその態度に深く影響されたであろうと思う。[29]」とされる。もちろん、司馬江漢・大槻清準との接触もあったことが指摘されている。

三枝氏が不明部分を多く残しているのに対して、福本氏が大槻系を重視され、牧川氏は大槻系と小川島系の両方に均衡を保っているのに比べて、桜田氏は益冨家の主体性をあくまで認めた上で、大槻・小川島両系統の中、何れかといえば後者の影響が大きいことに重点が置かれているのが特徴的である。

そこで執筆者であるが、小山田与清が全文書いたものではあるまいという結論は、四氏とも共通している。だが松浦静山と小山田与清及びその周辺については、あまり触れられていないので、節を改めて述べてみよう。

三　静山・与清の著書に拠って

清（静山）が父政信の死によって、祖父の八代藩主誠信の世子となり、平戸九代藩主に就いたのは十五歳の安永四年であった。上述のように大槻磐水が寛政九年平戸藩主と接し始めたとすれば、藩主はこの清ということになり、彼は安永以降藩政諸改革に着手した丁度その頃ということになる。そこで静山の筆に成る『甲子夜話』に拠って捕鯨関係を追ってみよう。周知のように『甲子夜話』は文政四年霜月甲子の夜（十七日）に起筆され、天保十二年逝去にいたる二〇ヶ年の間書き続けられた。それが正篇・続篇各三巻として刊行されたあと、昭和四十六年に「未刊」篇として三巻が出されて全篇出版が終了した。（以下、引用の節は、例えば「正一〇—二六」とあれば正篇巻之十の第二十六条のことである。）内容は執筆当時のことから古今東西にわたって記されており、静山の博学多識は驚くべきものであって、その中に貫くものは合理性の精神であった。例えば「平戸にて毉(医)と山伏と治験を争ふ事」（正一〇—二六）にみられるように、病人の家で医者と山伏が祈祷をめぐって争い、医者が山伏に「汝まづ我を祈り殺すべし。然らば満坐の人その手際に伏せん。吾も又汝に毒薬一服を与ふべし。此坐に於て飲むべし。其しるしを待んと言ければ、流石山伏これに辟易して其坐を逸《のが》れ去れりと。[30]」と記して、科学的態度を喜んでいる。

鯨との関係の重要なものを追ってみると、文政五年春、イギリス捕鯨船が浦賀に来たことを注意深く記述し、鎖や鉄鉾や船の図まで記している（正一四—二二）。それも自分の聞き書きのみではなく、浦賀の町人某の目撃して書かれたものをも書き写している。この同じ事件は後日、正篇巻二十五全部を使って「知約堂主人が筆せる『異船記聞』と云一冊を其人より示せり迚《とて》、蕉堂主人予に転借す。[31]」として詳細な報告書を写している。それによれば日本側の警備体制、武器の取り揚（ママ）（出帆の時返えす）、船の構造や内部設備、積載物等々、なかなか詳しい。さらに

「一、本月五日（文政五年五月）の朝、異人等端船《はしけ》五艘に各紅旗を建《たて》、銛《もり》を積み、鯨漁に行んとせしゆへ、其事に関れるもの、通弁の両人へ談じ、滞船中鯨漁に出ざるやうに申し諭せしゆへ其事止みぬ〔此一事は、元来異人浦賀へ入船のとき、近海房州辺の沖にて鯨を見掛しゆへ、動《やや》もすれば鯨漁に出る用意をなせしと云〕。

（中　略）

一、或人船夫の話を聞けるに、此辺の近海にて鯨を見掛しとき、早速端船をおろし銛を積み込み追駈けるに、其時鯨の鬣にて船のみよしを刎《はね》られ損じたりとて、其破損の処を繕ひ居るを見たりと云。

一、其事に関れるもの、異船見廻のとき、鯨漁の図、及横文字にて記せるものを出し、彼国にて鯨漁の仕方は如レ此と云様子なれども其書は解せず。唯其図を見るに、小船数艘に紅旗を建、銛を以て鯨を突く図あり。又鯨を突留たる処にもあらん歟、鯨背に紅旗を建、数船取囲み居る図も見請《うけ》たりと云〔按ずるに彼国にては鯨を漁するに簡便の仕法と聞ゆ。日本の如く漁船数十艘、人数も多くかゝり、遠方より銛を以て鯨を投突きにするには非ず。彼国の法は鯨魚近く寄り、鯨の灸所禁穴を銛にて突き、若鬣か尾にて刎られ船覆るとも、素よ

り水練に熟せし者どもなれば直に浮出、夫々の働をなし、元来大洋中にて漁することなれば、日本の如く鯨の全身を切さばく程のことはならぬゆへ、其肉を切られる程は切とり、其跡は流れ次第にして捨ると云へり。按ずるに房州辺には、動もすれば鯨の半身程も肉を切とりたる鯨流れ寄ることありと聞く。これ等恐らくは彼蛮人どもの所為なる歟(32)」。」

ここには捕鯨関係のみを引用したが、イギリス船サラセンの、日本近海での捕獲と処理、その方法など詳細にわたって記録している。付図も多くあるが、その中に「鯨肉ヲ煮、油ヲトル竈之図(33)」が一つ描かれている。右に見られるように、書き写しの文章に、静山の意見を書き加えているが、それは明らかに、平戸捕鯨との比較が念頭にあったことを示している。

次は文政六年（正二六—二）には、江戸の山王や神田の祭に鯨魚を作って出すが、その腹に竜吐水を設けて水を数丈噴き上げるようになっている。「観る人真鯨を陸地に見る如しと歎賞せり。然《しかれ》ども実を以て云へば非なり。是は祭事にて人の歎賞を助るまでなれば、かく有て止《やみ》なん。(34)」と厳しい批判的意見を付けている。

文政七年（正五九—一七）。これは自国平戸藩に関心が向いている。

「予が領内の俗、鯨皮を謂てテイラと云ふ。鯨皮、最も膏液多し。煮て油となして、漁人その利を得。或日行智、梵文のことを談ずるとき、梵に油を帝攞と云ふ。然れば鯨皮をテイラと謂は、油多の称なりと。いかにも当れり。慈覚大師将来『梵語雑名』にも帝攞の訳見ゆ。

又曰。鯨皮三寸四方許《ばかり》を重一斤とす。煮て油を得ること一升許り、余はこれを推て量るべし。又皮縦二尺四寸、横一尺二寸、高八寸、油を得ること二斗。斗桶に充つべし。(35)」と鯨皮をテイラという由来を述べている。

文政八年の巻(36)（正六〇―一四）に前年の水戸沖にイギリス船来航の一件を、水戸藩士より聞いて書き集めたものを写している。これは、すでに福本氏が紹介しているので(37)略すが、イギリス捕鯨法を詳しく教えられている。その他文政十年二月(38)（続一六―二二）・文政十一年(39)（続一六―五・続一六―一三）と異国船が日本近海で捕獲していることを記録している。

静山の多角的知識の中に捕鯨という一事が文政十一年頃まで濃厚に出ているのであって、これがさらに次のことを想起させる。それは直接捕鯨には関係ないが、『絵詞』の、少くとも跋を書いた小山田与清との交わりが『甲子夜話』にどう出ているであろうか。

文政十年（続九―五）に「能の狂言に墨塗《スミヌリ》と云あり（中略）松屋与清曰『掃墨《ハイズミ》』なり、狂言の作、これよりや起ると(40)」のように芸能や文学のことについてであるが、静山と与清の交わりは確かであった。その内容は文芸であるから、ここでは引用しないが、文政十一年（続一三―六・続一五―一・続一五―一六）・文政十三年（続三五―一・続三五―二）・天保六年（未二〇―一一）などである。ことに文政末年に親交があったのであろうか。もちろん、静山は元藩主（文化三年に致仕している）であり、与清は一国文学者である。ところで、この両者の関係を他の史料からみてみよう。

与清を知るためには、坪内雄蔵（逍遥）序、紀淑雄著『小山田與清』がある。この書物が出されたのは明治三十年であって、多くの史料を駆使して書かれているため、信用度は高い。その中に次のような一節がある。

「松浦侯も又與清を極めて優遇せりき。そは「平戸の城主かうの殿より御使ありて白銀三枚・鯨肉一籠を賜ふ」「平戸侯隠居静山君自書して旨酒一陶・鯨の突骨一把をたまはりぬ」翌日「松浦静山殿にまうでゝおほみきたまはりたうべゑひてかへりぬ」「静山殿壱岐守清朝臣より古文書をおこせたまひてその奥に建武三年二月十一日源頼貞とあるは何人ならんよしとひたまへり」「松浦静山殿より御使して正平十年三月十日の下文の模本をおこせ玉ひそのゆゑよしをとひ給へれば答書をまゐらせぬ」などゝあるにて知るべし。殊に高田将曹殿直披肥前松浦肥前守熙と表かきせし左の書簡を見て、両者の関係の深かりしを知れ。

皇統考神代の分出来に就、只今落手拝見仕候処いかにもよく行届き候事に感悦仕候、昼夜御丹精の旨いかさまと相察し入申候、則まづ返却仕候間、何卒弘仁帝迄出来の時を只今より相待申候、くれ〲御出精厚謝仕候、草々不備

十月朔日夜[41]」

これによれば、「平戸の城主かうの殿」とは静山の子供熙、十代藩主であって、白銀三枚と鯨肉が下されている。これは後述の、『絵詞』の完成の時に渡された「白銀三枚弁銀居台」と同じではないか。（鯨と銀据台との相違はあるが。）だがそれにしても、多才な静山父子と親密な交わりがあったことは、与清のすぐれた学識と才能をも示していることになる。つまりこの藩主父子との関係こそ、与清が『絵詞』を担当した大きな背景であったと思われる。

次に与清の著作に、捕鯨や平戸その他の関係を求めてみよう。小山田与清には多くの著作があるが、その中で関係が集中的にみられるのは『松屋筆記』である。これがいつ書かれたかは明らかではないが、その内容・

記事からいって

巻三	文化十二年の記事
巻六	文政元年　〃
巻五一	文政十年　〃
巻一二一	弘化二年　〃

と見られる。右の表で、その前後を類推しなければならないが、巻一五―二（これは『松屋筆記』の巻十五の二項の意、以下同じ。読点引用者）に、捕鯨には欠かせない合図の「烟《けぶり》」のこととして、

「狼烟　狼烟を「ノロシ」といふは野《ノ》ら気《シ》の義にて「ノロ」は「ノラ」也、秋の野らなど歌にもよみて「ラ」は助字也、「シ」は息《イキ》也、気《キ》也、野に立気《タツキ》なればしかはいへるなるべし、息《イキ》を「シ」といふ事は棟梁集にいへるがごとし、倭訓栞に野狼矢《ノロシ》の義といへるは笑にたへぬ説なり、古語にトブ火といふ万葉六、古今春上などにトブ火とよめり、日本紀の訓には烽を「ス丶ミ」とあり、進《ス丶》む心にやと契沖いへり、烽火の事、軍防令に委(42)」

このように出るのは、偶然であろうか。

だが『絵詞』に別当について述べてあるが、

「手代《てだい》の中の長《をさ》に大別当《おほべとう》とて十許人《じふにんほど》あり。こは院庁の重職の名を記せるに似たれど、百事変遷の後世、遠国辺土の称呼なればかゝるなるべし 此大別当二人にて一組を支《し》配《はい》し、万事執行《とりおこな》ふ頭《かしら》なり。(43)」

とあるのに対し、『松屋筆記』巻六五―六一に

「悔過《ケクワ》大別当小別当　吉祥悔過などの悔過をクワイクワと訓は誤也、今南都の寺々にては「ケクワ」と清ていへり、又小別当といふものあり「コベッタウ」とよぶ、古文書などに大別当、小別当とあるは「オホベッタウ」「コベッタウ」訓べし、院庁の大別当は「オホイベタウ」と訓例也、又「オホベタウ」とも仮名書のものに見ゆ(44)」

とあって、完全に一致する。先にも示したように巻五一が文政十年なら、巻六五のこの項は、時期も同一頃ではあるまいか。

巻五一――一七に拉「鯤」について、中国の古事を求めたあと

「与清曰楊竹菴が此説千載の惑を開たりといふべし、鯨鯤の事、中華古今注にも出たり(45)」

と鯨との関連を示し

同じ巻五一――一八には

「飛魚　異魚図賛一に飛魚身円長丈余登レ雲游レ波形如レ鮒翼如二胡蝉一翔泳倶仙人甯封曾餌レ諸著澡灼爍千載舒〔衍王子年七言頌〕云々、按に本朝に魚の飛ぶものは文鰩魚《トビウヲ》のみ、和名抄にトビヲといひ、平戸にてアゴといひ、石見にてツバメウヲといふ、江戸にてトビノウヲといへり(46)」

として、筆は自ら海に関し、魚に、さらに平戸へと動いている。現在でも、平戸ではアゴという。もちろん、多くの研究の中の一角を占めているのであろうが、あの重厚な『絵詞』を完成させるには、やはり相当の努力が払われたであろう。

巻五三―三四では平戸についてである。

「平戸の古寺及バパンと云詞　肥前国平戸は松浦郡の内にて一の海島也、肥前の地と海上或は一里、或は三四町を隔つといへり、長九里、広さ或一里、或二里、或八九町十町の島也、いにしへ比良ノ島といへるはこれなるべし、そこに小川菴とて釈江月の居室あり、そは小川宗理といへる豪富の建し寺也、また播磨屋宗是といひし豪富も是興寺といふ寺を建て、天竺仏の観音貝多羅樹などあり、こは宗是が天竺に通商せしころ得たりし也とぞ、宗理・宗是ともにバパンの徒也、バパンとは八幡といふ旗を舟に立て、異国に通商せしを八幡の字を唐人がバパンといへるに起れる称也といへり、慶長六年より寛永十一年までは御朱印舟とて異国の交易を許されたりしを、寛永十一年に禁止せられしよし、骨董録に見ゆ 頭書 文禄二年十一月八日小西摂津守行長が浅野弾正少弼へ贈れる状に、五島・平戸之唐人八幡仕候由被レ成二下御朱印一候、昨日致二頂戴一候、則平戸・五島是に在陣仕候間上意之旨申聞、当春大唐へ商買に罷出候、唐人其外何れも相留改申候、不レ残召れ可二罷上〻候事云々[47]」

と未だ見ぬ平戸について文献や聞書きで述べたものであろうが、この冒頭と『絵詞』の冒頭の文章とは何とはなく共通するように感じられる。しかしこちらは島の大きさなどは曖昧な平戸島だが、『絵詞』の生月島は正確に述べられている。それにしても平戸の古寺や八幡に触れ、さらに近世初頭まで遡って御朱印船・鎖国まで歴史的に辿っているのは、生月研究と無縁ではあるまい。

巻五八―三四では「桧楚《ヒソ》」を考察したあと

「元親記下巻、鯨進上被レ申事の条に、桧ソヲ簾ニアミ巻包テ漕登スルとありて、此比までもその名存せり、こは桧角《ヒバカク》の事と聞ゆ[48]」

と、長曽我部元親が天正十九年正月、土佐浦戸で獲った鯨を一頭そのまま秀吉に献上した有名なことがらを述べているのであるが、その漕登に桧ソを使ったというのである。

巻六二―一一では

「平戸焼の陶器《セトモノ》　平戸焼のせとものはもと三河内焼《ミカハチヤキ》といへり、高麗国より老媼帰化て肥前国平戸中野村に住居し、陶器を造る、これを平戸焼とも中野焼とも呼て、其古器の今に存れるは其躰高麗にひとしく、いと古色にて茶人殊に賞翫せり、老媼後に松浦郡三河内村に移住す、男子一人ありて家業を継、其子孫尚三河内村に今村某とて陶製の業怠らず、細工巧妙天下にもてはやさゞるものなし、老媼死後三河内の山上に葬り小祠を建て陶家の神とす(49)（下略）」

と平戸の特産物に触れ、これが尾張の瀬戸焼の本家といわんばかりである。

巻六二―二〇に

「オシアナ風幷オトシ風　平戸城主松浦肥前守源凞(ママ)朝臣の物語に、平戸わたりにて東南の風をオシアナといふと云々、按に万葉に東風謂二之阿由乃加世《アユノカゼト》一とあるによし有、又云、大風吹しきれる後に「オトシ」とて天より直下《タヽクダシ》に吹風あり、その風半時或は一時吹ば必止て融和なる天になりぬと云々(50)（下略）」

この松浦煕《ひろむ》は、静山の次、十代藩主である。この物語というのは、上述のように直接交わり、対話があったことによる、といえよう。このような静山父子との交流が『絵詞』成立の背景に定置されねばならない。海漁が、いかに自然条件に左右されるかは今さらいうまでもないが、冬期を主とした鯨との闘いが説述される時、自然条件への関心が生じるのは当然であろう。国文学者小山田与清が、捕鯨を彼の日本文化的教養の中に位置付けた意義は大きい。その彼の力となったのが静山父子であった。

以上、静山の『甲子夜話』から、捕鯨への関心が非常に強く、異国船の捕鯨事情をもよく集めて心を配っていること、次に静山と小山田与清との交わり、最後に与清自身の『松屋筆記』に顕われた平戸や捕鯨関係への傾斜が大きかったことをみてきた。

四　『絵詞』の成立過程について

ここで時代は少し遡るが、司馬江漢と益冨家との関係を考察しておこうと思う。まず『江漢西遊日記』の生月島へ来た最初の部分からである。その人間関係を日記に追ってゆこう。

天明八年十一月、平戸に着くところからみる。

十七日　「天気。船より上り、船頭の宅に行て喰事す。(51)」

十八日　「山本庄右衛門と云人、江戸屋しきニテ度々詰メたる人にて懇《コン》意、之《コレ》へ尋ル。酒出す、鮪鰯《イハシ》のさかななり。此日平戸松浦侯へ我等参候事を申上ルとぞ(52)」

これによれば、江漢は江戸屋敷詰の武士と懇意にしているが、その人の仲介であろうか、松浦侯と会うようになる。この時、城主は清（静山）公である。

廿一日　「晩八時ヨリ客家へ参ル。町の中に門玄関付なり。八時比ニて、侯馬ニてお入り、小納戸方、平兵衛案内ニて、門の入口ニて出向ヒ、直ニお逢ヒあり、子小《コ》性七人、次の者四人。紅毛書物数々拝見。夫ヨリ席画ヲ認メ、酒肴、菓子、薄茶ハ自身茶室ニて被下、夜の四時過ニ旅宿ニ帰りぬ。(53)」

と静山公と会った情況である。

廿五日　「上天気如春。四時より白嶽へ登る。(54)」「西ヨリ南に生月島見ユ。(55)」

遂に生月島を、平戸の白嶽から見た。

廿六日　「爰ニ山形（県）六良ハ鯨つきなりしが、御用金数千出しけれは侍《サムライ》に取立られ、今ハ平戸に住ス。此日彼が所へ参ル。(56)」

この日、正確には山県六郎兵衛に、江漢が会っている。二代益富又左衛門正康が仕官して、初代山県六郎兵衛正康となる経緯は、すでに別稿(57)で述べておいた。ところが、この正康は安永七年十二月すでに逝去している。とすれば、この山形六良とは二代山県六郎兵衛景雄だということになる。日記を追ってみよう。

十二月三日　「今日も風雨霰。鯨を取ル嶋、生月へ渡海三里あり。兎角に渡ル日なし。(58)」

四日　「天気、風少シアリ。山形（県）新四郎ハ六良と親類の者ニて、住居ハ生月嶋《イキツキ》なり。此者と生月嶋に渡ルに、先ツ城下より一里、野山を越へて、薄香浦と云処ニ至ル、少々人家アリ。」「漸ク日暮、生月ニ着岸《チヤクカン》す。カコの者、手も足も皆鮪の血《チ》ニそみ、誠ニ軍の如し。二時はかりの間、おそろしきめに逢ふたり。爰に鯨師益富又左衛門と云フ者なり。其息《ソク》亦之助、両人留主（守）故、先一寸と見世先にあかり、火を以テ衣服の濡《ヌレ》たるをかはかす。殊ニ寒月故さむし。程なくして主人帰り、又左衛門ハ平戸へ参りたるよし。悴亦之助出て、玄関様《ヨウ》の処を開き、坐しきへ通シ、上坐ニ置き、しきへの外ニて挨拶す。先ツ酒、吸物を出して飯を出す。亦之助三十歳の者ニて、能男ふり、言語此国の様ニあらず、至て通人なり。夫より程なく同舟したる新四郎参ル。是ハ此国の物云ニて、人物も此地の者と見ユ。(59)」

師走の荒海を命がけで渡って、漸く生月島へ着いている。

まず又左衛門は、この天明八年十二月は三代正昭の頃である。彼は寛政十二年六十歳で死去しているので、この時は四十八歳ということになる。

亦之助《(又)》は、又左衛門の息とか悴とか呼ばれている。彼はこの時三十歳と書いているから又左衛門と十八歳の差である。実はこの又左衛門の実子ではなく、甥である。つまり又左衛門の兄正満の一子であるが、正満が早く亡くなったので、又之助の母、正満の室母武は、弟の又左衛門正昭と再婚している。つまり養父は叔父であるが、母は実母である。だから又左衛門家に正昭の子供と共に起居していたのであろうから、江漢の目には子供のようにうつり、或は紹介には、息とか倅とか言われたのではあるまいか。その彼が四代又左衛門正真となり、さらに正昭の実子へ五代又左衛門を譲って、自分は山県三郎太夫を開いた。系図を辿れば、このようになる。

しかし一つ問題がある。大矢真一氏が「大槻玄沢《(磐水)》には『鯨漁叢話』（一八〇二）の著があり、『鯨史稿』にもところどころにこれを引用している。この『鯨漁叢話』は彼が平戸藩の侍医および藩士の一人から鯨のことを聞き、これとオランダの所説とを取合わせまとめたものであった。この平戸藩士というのが平戸生月島の捕鯨家益冨又左衛門の同族であった。[60]」と述べている。これに対し第二節に引用しておいた「庚申（寛政十二年）春、その藩士山県又之助、その公事《クジ》を以って江戸にきたる。[61]」と対応する。ここで又之助は山県姓を名乗り、藩士とされている。

江漢が生月を訪うた天明八年はまさに益冨又《（亦）》之助であった。だが寛政十二年には藩士山県又之助である。そしてこの頃、同族に又之助はいないとなれば同一人である。そこで彼の一生の変遷をみれば

益冨又之助——山県又之助——益冨又左衛門——山県三郎太夫

ということになる。それが正しいと考えられる根拠は、先に江漢と平戸で会った山形六郎（兵衛）は、このあとすぐ、つまり寛政二年に亡くなっていることである。[62]だから二代六郎兵衛景雄のあと、同家の家督を一時的に継いで藩士となっていたのではあるまいか。ところがさらに寛政十二年、彼が江戸に行った同じ年、三代又左衛門正昭が亡くなっている。それで峰谷文之助弟の栄吉を養子に迎えて三代六郎兵衛としたのであろう。[63]しかるに、三代正昭の実子正弘が成長してきたので又左衛門を正弘に譲り、自分は山県六郎兵衛家に還れないので、新しく山県三郎太夫家を開いたと考えられる。この又之助、つまり四代又左衛門正真の江戸往復、磐水（玄沢）と接触、生月から資料の送付などの努力が『鯨漁叢話』その他に役立てられているが、その基盤の上にあって彼の実の従弟であり義弟である五代又左衛門正弘が、『絵詞』上梓を果たすことができたのであろう。『絵詞』で与清と並ぶ名の又左衛門は正弘である。共に育った又之助正真と又左衛門正弘の仲であった。

そこで次に『絵詞』上梓の時の史料が益冨家文書の中にあるので、それを辿ってゆこう。

「　　鯨帖版行出来一式代

卯九月七日

一銀百弐拾目

　但、鯨画詞廿枚、鯨図書入廿枚、料理方三拾壱枚、書直シ三枚、跋三枚、版下筆工謝礼金八百疋ニ而

卯九月十四日

一同百弐拾五匁八分

　但、右鯨画詞一式文章致世話候ニ付小山田将曽《ママ》江被下白銀三枚并銀居台代

卯十二月二日

一銀七百弐拾目

　但、鯨図下巻弐拾枚、版木彫刻代金拾弐両ニ而　　朝倉屋鉄次郎渡

辰正月十四日

一同三百拾匁　　右同人渡

　但、鯨料理方版木三拾壱枚、彫刻代金五両拾匁ニ而

卯十二月晦日

一同四百弐拾五匁　　木村嘉平渡

　但、鯨絵詞上巻之内拾七枚版木彫刻代金七両五匁ニ而

辰二月七日

一同三百四拾六匁五分　　朝倉屋鉄次郎渡

但、鯨絵詞上巻之内三枚、跋文三枚都合六枚版木彫刻代百五拾目幷上巻之方版木直し幷試ミ摺立代共ニ百五匁、板木入杉木大箱四ツ出来代八拾五匁、右箱付細引四筋代六匁五分ニ而、金ニ〆五両三歩壱匁五分

辰三月二日
一銀七拾四匁五分
但、鯨絵詞上巻之内拾七枚版木足シ木直シ手間代五拾五匁、同上巻四拾枚摺立試代七匁五分、外題三枚、料理書奥書幷朱印彫刻代拾弐匁、都合金壱両弐朱七匁ニ而
朝倉屋鉄次郎渡

同
一同百四拾五匁
但、鯨絵詞上巻、下巻幷料理書拾部摺立代金弐両壱歩弐朱ト弐匁五分ニ而
右同人渡

同
一同弐百拾七匁
但、右鯨帖うら打表紙付折本拾部仕立代弐百拾匁五分幷料理書拾冊綴表紙掛仕立代六匁五分、金ニ〆三両弐歩七匁ニ而
笹屋権次郎渡

〆銀弐貫四百八拾三匁八分
金ニ〆四拾壱両壱歩弐朱（壱匁三分
丁銭ニ〆百四十五文）

（貼紙）

覚

辰三月廿日

一銀弐百三匁

但、鯨絵詞拾四部、調味方

拾四部摺立代

朝倉屋鉄次郎渡

辰四月十三日

一同三百三匁八分

但、右鯨絵詞拾四部折本ニ

仕立并調味方拾四部

綴本ニ仕立代

笹屋権次郎渡

同

一同八拾六匁五分

但、鯨画帖入桐箱六ツ并鈧（鈕カ）

真田代共ニ

同　　　　　　　　指物師甚五郎渡

一同三拾弐匁四分

　但、右鯨帖包浅黄加賀絹

　二幅、ふくさ六ツ分地代

　　　　　　　　猪飼七兵衛渡り

同

一同六匁

　但、右ふくさ六ツ仕立代

　　　　　　　　蔦屋太右衛門渡

〆銀六百三拾壱匁七分

　金ニメ拾両弐歩（壱匁七分
丁銭ニメ百九十文）

二口〆金五拾壱両三歩弐朱ト（三匁
丁銭ニメ三匁三分五厘）

右之通慥取納申候、已上
辰十二月十八日　　御小納戸　（黒印）[64]
小納戸
」

まずこの史料の卯と辰であるが、それは天保二年と三年と考えられる。「勇魚取跋」に「文政十二年といふとしの秋のはじめに。江戸平小山田与清謹識」とあるので、これより以前の卯辰とすれば、文化二年と三年ということになる。だがこの頃、与清は養子先の高田姓であり、病を理由に家を清常に譲り、自分は本姓の小山田氏に復し名を将曹と改めたのは、文政八年十二月のことであった。そこで次の史料を見よう。

「御手紙拝見仕候、先以御安栄勤仕之間存上□伺候、然ハ筆工江被下之品、金八百疋拝領仕候、是ニ而重分（充）ニ御座候、御紙面を以拝領為仕可被申候、仍拝□るゝ可申上候、以上
九月七日　　小山田将曹
貞方文作様　　奉畏[65]
」

これによれば、さきの筆工謝礼金八百疋の卯九月七日と一致する。そして名前が小山田将曹であれば、この卯は天保二年ということになる。

さて引用史料に見られるように、卯九月筆工と与清（将曹）への支払、卯十二月二日と晦日に朝倉屋鉄次郎と木村嘉平へ版木彫刻代への支払、翌辰正月料理方彫刻代、辰二月版木直しや試し摺立代・箱代など、辰三月版木足し木直し手間代や摺立試代・奥書幷朱印彫刻代、笹屋権次郎へ裏打表紙付折本拾部その他、貼紙まで含めて、この天保二年から三年にかけて出版努力がなされたことを知る。そして「鯨画詞」・「鯨図」と「料理方」が一緒に行われていることも判明した。

最後に小山田将曹へは「鯨画詞一式文章致世話候ニ付」白銀その他が下されているが、この「致世話」とは何であろうか。つまり「画詞一式文章」これは筆工・版木彫刻その他一切の出版に必要な世話をしたのであろうし文章もそういうことになれば、彼一人で書き上げたか否かは必しも明らかではない。しかし上述してきた通り、藩主から益冨まで、一連の努力が積み重ねられているのであって、与清（将曹）も夢おろそかにはできなかったであろう。それは多く平戸や鯨に関する調査が物語るであろう。門人達と共にあるいは執筆したにしても、彼の占める役割は非常に大きかったと思われる。

それに、さきに引用した史料であるが、受取者は御小納戸となっているところをみると、この費用は藩から立替払いという形をとっている。つまり実質には益冨家が負担したにしても、最初にみた「平戸藩出版」という文言はそれを裏付けて余りあろう。

また書簡の貞方文作か否かは明らかでないが、同名の人物に六代又左衛門正敬の娘也寿が嫁いでいる(66)。これは僅かに時代が下るのでその追究は後日を期したい。

むすび

『勇魚取絵詞』について、従来から種々の説があったのは、上述の通りである。益冨家の文書でも、必ずしも執筆者は絞れなかったが、上梓出版に携わった人たちは明らかになったので、今後の手がかりとなろう。ともあれ桜田氏も示されたように、私は小山田与清の執筆に占める役割はかなり大きく考えねばならないと思うが、さらに従来一通りの指摘であった藩と藩主父子の重要性を強調したい。そして益冨家側は文人墨客を多く、そして大切に迎え、長く滞在させて手厚くもてなしているのみならず、特に四代・五代又左衛門の義兄弟・従兄弟としての交わりの温かさを、この『絵詞』成立に見落してはなるまい。しかしここで心に掛かるのは、五代正弘は天保三年六月十二日行年五十六歳で亡くなっている。この生前に、あれほど努力した『絵詞』の出版が間に合ったのか否か。現在のところ、それは明らかではない。

最後にこのような『絵詞』が生まれたのは、相当程度の商品生産が発達し、マニュファクチュアが展開していることが基盤となった歴史段階と考えられる。殊に『鯨肉調味方』で詳しく鯨肉調理を教え、「四条流庖丁書美物上下《びぶつかみしもの》之事」から「鯨は鯉より先に出して不レ苦よし」とするところ、心憎いばかりである。これは商品生産に対応する商品市場開拓の客観的意味を持っていたにちがいない。しかし当時は藩権力との関わりあいの中でこの巨大な経営体があったことも忘れてはなるまい。

註

（1）土屋喬雄編著『日本資本主義史論集』（育生社版、一九三七年）一八三頁以下。
（2）『勇魚取絵詞』（『日本庶民生活史料集成』第十巻　三一書房、一九七〇年）二八五頁。
（3）右同書、三一一―三一二頁。
（4）右同書、三一三頁。
（5）右同書、三三〇―三三一頁。
（6）右同。
（7）『絵詞』（『日本科学古典全書』第十一巻、朝日新聞社、一九四四年）五二一頁。
（8）右同書、五二一―五二二頁。
（9）右同。
（10）右同。
（11）福本和夫『日本捕鯨史話――鯨組マニュファクチュアの史的考察を中心に――』（一九七八年新装版、法政大学出版局）一六二頁以下。
（12）右同書、一一六頁。
（13）右同書、一九五頁。
（14）右同書、一七四頁。
（15）右同書、一七七頁。
（16）『鯨史稿』（『江戸科学古典叢書』2、恒和出版、一九七六年）解説三頁。
（17）福本前掲書、一九六頁。
（18）ジーボルト著、斎藤信訳『江戸参府紀行』（東洋文庫八七、平凡社、一九六七年）一〇四頁。
（19）福本前掲書、二七四頁。

(20) 右同。
(21) 司馬江漢『江漢西遊日記』(黒田源次校訂、板本書店、一九二七年) 一九一頁。
(22) 福本前掲書、二七五頁。
(23) 牧川鷹之祐「西海捕鯨考」(『筑紫女学園短期大学紀要』第三号、一九六九年)。
(24) 右同稿、一〇〇頁。
(25) 右同。
(26) 右同稿、一〇四－一〇五頁。
(27) 前掲『絵詞』(桜田勝徳稿、『日本庶民生活史料集成』版解題) 二八三頁。
(28) 右同稿、二八三－二八四頁。
(29) 右同稿、二八四頁。
(30) 松浦静山『甲子夜話』1 (東洋文庫三〇六、平凡社、一九七七年) 一七三頁 (正一〇－二六)。
(31) 松浦『甲子夜話』2 (東洋文庫三一四、平凡社、一九七七年) 一二一－一四六頁 (正二五－一)。
(32) 右同書、一二九頁 (右同条)。
(33) 右同書、一四四頁 (右同)。
(34) 右同書、一四七頁 (正二六－二)。
(35) 松浦『甲子夜話』4 (東洋文庫三三三、平凡社、一九七八年) 二〇一－二〇二頁 (正五九－一七)。
(36) 右同書、二二八－二三一頁 (正六〇－一四)。
(37) 福本前掲書、二〇一－二〇三頁。
(38) 松浦『甲子夜話』続篇1 (東洋文庫三六〇、平凡社、一九七九年) 二五一頁 (続一六－二二)。
(39) 右同書、二四二頁 (続一六－五)・二四七頁 (続一六－一三)。
(40) 右同書、一三六－一三七頁 (続九－五)。

(41) 紀淑雄『小山田與清』(裳華書房、一八九七年)八八頁。
(42) 小山田(高田)与清『松屋筆記』(国書刊行会版、一九〇八年)第一、一三一頁。
(43) 『絵詞』二八五頁。
(44) 小山田前掲書、四四五－四四六頁。
(45) 右同書、二〇二頁。
(46) 右同。
(47) 右同書、二三六－二三七頁。
(48) 右同書、三〇七頁－三〇八頁。
(49) 右同書、三五九頁。
(50) 右同書、三六四頁。
(51) 司馬前掲書、一二六頁。
(52) 右同書、一二七頁。
(53) 右同書、一二八頁。
(54) 右同書、一三一頁。
(55) 右同書、一三二頁。
(56) 右同書、一三四頁。
(57) 本書第一章、特に一四－一五頁。
(58) 司馬前掲書、一三五頁。
(59) 右同書、一三五－一三七頁。
(60) 大矢前掲書、三頁。
(61) 福本前掲書、一七七頁。

(62) 本書第一章を参照。
(63) 右同。
(64) 益冨家文書　No.1478-1。
(65) 右同文書　No.1478-2-1。
(66) 本書第一章「益冨家系譜図」の本家（Ⅰ）を参照。

第三章　西海捕鯨業経営と福岡藩

はじめに

近世の商品流通が、宝暦—天明期に一つの画期をもっていることは、これまでの諸研究が明らかにしてきたところである。しかし、その評価については、必ずしも一致した結論は生まれていない。事実、ここにとり上げる鯨油の流通を見ても、右の時期に画期があったことは指摘できる。だが、今までの研究が中央市場——ことに大坂——の変化、および大坂周辺との関連に重点が置かれていたのに対して、ここでは地方市場の事実を考察することに重点をおいてみたい。もちろん、地方市場を考察したすぐれた論考はいくつかあるが(1)、宝暦—天明期の全国的流通構造が転換を余儀なくされたのは、中央市場と地方市場の相関関係と同時に、その相関関係の中で地方市場の構造が質的に転換を行っていった点を把握しなければ、中央市場の構造も明らかにならないのである。換言すれば、この期以降の中央市場は、それ以前とは異なり、一つの流通圏を形成してきた地方市場の流通構造との相関関係の中でしか成立しないし、意味をもたない段階に入ってきたことである。ことに近世の主要商品流通路である瀬戸内海上流通と、それに連なる北前船、西海路の延長長崎ルート、豊後水道を経て薩州・土州との流通は、大坂中央市場との大きな関連と断絶とをもってきた。右の各流通路の要となったのが長州下関港町であったことは言うまでもない。しかし下関に代表される商品流通は北前船と薩長交易に見られる西南商業交易圏であるが、そのような雄藩連合の基盤となるような華やかさはもたないが、下関と密着していた藩に筑前福岡藩があった。ここでは平戸藩生月島の鯨組主益冨家と福岡藩を考察することにより、地方市場の構造を探っていきたい。

一　福岡藩における鯨油の使用

西国一円が蝗災をうけた享保十七年は、あまりにも有名であるが、虫害、洪水、霖雨の冷害、旱魃等の災害は、想像以上に多く発生している。これらの中で、蝗災をいかに防ぐかの諸説が展開されたのは当然であろう。大蔵永常は『除蝗録』で、享保十七年、筑前御笠郡八尋氏某が「鯨油の功の速かなる」を発見したとして、伝説の如き話を書きのこし、蝗災に鯨油がよいという技術伝播に力を尽している。(2) この指摘とは別に筑前国遠賀郡立屋敷村の蔵富吉右衛門は寛文十年七月「自己耕田三反歩に注油したるに鯨油の除蝗に偉大なる効果あるを発見」したという故事があり、これが享保の大凶作の時、上聞されて「国中注油の触達ありたり」(3)という。しかしあまりにも早い寛文年間ということの裏付けはない。一方、筑前国志摩郡元岡村大庄屋浜地利兵衛の手記

『享保十七壬子大変記』にはこの年六月「下旬之頃より、此辺も虫痛、段々腐り申候。右之虫、田に鯨油壱合之内外を入候て、虫を掃落し申候得は、能候由、申候に付、はゝはき落申候。虫も間もなく再出来、一度二度にては死失不レ申候得とも、過半は虫いたみ、少し充除り申候。（中略）此油を入、掃落申義は、随分出来立に壱反に上油六七勺程、壱滴充おとし候得者、広かり申節、葉さゝ掃などにて、掃落し候得は能候。朝夕に弐度程よく、三度目に成候節は、油も少し入、壱反に五勺にても能候。下油は水に入、はしり不レ申悪敷候。上油能候。（中略）十日《（七月）》頃より此辺虫痛強く、十三四日にかけ、田の水赤み醤油の色より赤く成、不残腐捨り申候[4]（下略）」と詳細に記されて、使用の事実と方法は、この凶作の年にはすでに知られていたのである。しかし大凶作を食い止めることは出来なかった。この技術が実際に伝播していったのを史料に辿れば、宝暦五年の蝗虫発生に対し、遠賀郡内「農民各所に試油する者を出し」「明和八年には隣郡なる鞍手嘉麻穂波の各地に及べり」と記されているし、天明六年には「筑前国中は一円鯨油を注入し大に良好」、さらに「寛政四年遠賀鞍手両郡郡廨に於ては予め鯨油を準備[5]」した。また宗像郡の桑野文書『年代記』によれば、宝暦五、明和三・四、安永五、天明元・六・八、寛政四の各年に蝗災は続発している。この宗像郡を中心とした『年代記』の天明六年に「六月十二日朝大地震、其後曇不晴蒸暑、七月五日夜大雨、是迄三十余日之雨天故田方大虫入、浜付村〻ハ同月上旬ゟ鯨油入レ候得共多く腐捨りニ成、山付村〻ハ虫入遅く、盆後ゟ虫痛ミ見江候而一統大騒ニ相成ル、去ル大変之模様ニ似寄候故、御上甚御心遣、於所〻御祈祷被仰付、尚亦郡奉行江被仰付、油を入候様ニと有之、両市中問屋江囲居申分弐百八十丁、猶亦呼子・生月江被仰遣鯨油千五百挺被取寄、御国中江拝借被仰付[6]」と蝗災の恐しさと鯨油使用の実際、さらに郡奉行による使用命令と貸付等の事実を示している。これはさきに引用した寛政期、郡廨に予め準備しているとあるが、すでに天明期には両市中（福岡と博多）の問屋が囲い持っていたのであって、これが備え油の役を果たしている。

以上から筑前地方では、除蝗に鯨油を使用したのが寛文―享保の間ということになるが、その一二〇年間はあまりに捕らえどころがない。しかし、享保十七年の大凶作の時には、すでに詳細にその使用方法を知っていたことは認められるし、その使用が広まったのは宝暦―天明期であることも指摘できる。この時期に鯨油使用が郡奉行の命であれ、とにかく農民に受け入れられたことは、決して偶然ではない。前述の蔵富吉右衛門は鯨油使用を「地方当業者に伝へたるも之を信ずる者なかりしを以て神の加護に由る」[7]と、その技術の伝播に苦労したと伝えられている。このことは、享保以前の段階で鯨油が蝗害に効くといっても農民が信じなかったという頑迷さを物語るものでもあろうが、同時に未だ鯨油を使用するほどの社会的条件が備わっていなかったと考えられるのである。換言すれば、中央市場の画期である宝暦―天明期に、筑前地方で農民へ鯨油使用の技術が浸透していったことは、農民がそれを受入れ得るほどの経済的条件が整ったことを意味し、同時に、全面的に農民がそれを受入れ得ない面については藩がその肩代りをしているということである。このような社会的・経済的条件が整ってこそ、鯨油使用の技術が伝播浸透する可能性をもったのである。

二　福岡藩と益冨家

鯨油使用の伝播浸透が行われた頃から、次第に経営を拡大し、西海捕鯨業の組主の中でも最も大きな組の一つであった平戸藩生月島の益冨家と福岡藩の関係をみることによって、領国を越えての商品流通をめぐる藩と経営者の動向をみていくことにしよう。

益冨家が生月島舘浦《たちうら》の姫宮脇に納屋をもち、平戸の商人田中長太夫と最合いで鯨突組を始めたのは享保十年の冬からであった。翌十一年には長太夫が身を引いたので、単独で経営に当たることになった。しかし捕鯨条件としては舘浦は適当でないという理由から、同島の北にある御崎に根拠地を移動したのは享保十四申年正月と伝えられている。[8] この御崎が、これ以後、大納屋・小納屋をもち、御崎組の拠点として続いていく。この突組を享保十八年より網組にかえたため漁獲量も増加したと羽原又吉氏は述べておられるが、享保十八年に網組に変わった確証は詳らかでない。元文五年には網組であったことは確かであって、益冨家の経営も一応この段階に確立したと考えられる。[9] つまり、享保の大凶作のあと、益冨組は突組から網組に技術転化を遂げ、漁獲高は飛躍的に上昇したといわれている。このような中で福岡藩といつ、いかにして関係が生じたかも現在詳らかになしえないが、次のことから相当深い事情をもっていたと考えられる。それは安永九年十一月晦日、益冨又左衛門が拾人扶持、同年（マヽ）四月畳屋清（勢）右衛門が年々白銀拾枚宛、福岡藩から授けられている。それは「鰯町石蔵屋出入一件ニ付段々深切之趣猶又右落着之儀（中略）且又鰯町商売筋ニ付是又仕入等いたし繁昌候様問屋共可被申談候[10]」という理由からである。これには福岡藩と博多商人側に、以前から懸案のことがあった。それは、享保末年頃から次第に体系を整え始めた運上銀徴収の機構は、元文五年に至って形を成したことである。つまり、この運上銀体系は、領主財政の窮乏に基づき、必要貨幣量の財政収入をねらって賦課する意図があったにもかかわらず流通の現実はそれを許さず、各種の経営規模に応じた段階を設けて賦課するという形で成立した。[11] だがその過程に二つの問題が鰯町の問屋をめぐって顕在化した。その一つは、鰯町在住の大小問屋層の対抗関係で、他は鰯町が相物と鯨油問屋であるのに比べて古渓町が生魚問屋であったが、相物と生魚との区分が屢々乱れて鰯町と古渓町の問屋間で争われたことである。

「私共儀代〻相物問屋商売被為仰付置（中略）難有仕合ニ奉存上候、根元鰯町之義者川引請、船付之便利宜、諸国ゟ入込候相物、鰯町目当ニ荷物差向候場所柄ニ付旅相物幷魚油入荷之分ハ御運上銀私共江投請ニ被為仰付置、右ニ付両市中江入込候相物類、地浦生魚之外一切鰯町ゟ支配仕来居申候、依之御運上銀御上納之員数も地浦問屋と違、格別余分ニ御上納仕来申候、然ル所近年鰯町殊之外不商売ニ相成、至而衰微仕候根元は去ル安永年中ニ入荷御運上銀取立方、古渓町支配と鰯町支配と之場所分之儀御触達被為仰付候処、右奉申上候通、旅相物之儀ハ両市中共ニ根元鰯町ゟ支配仕来居申候ニ付（中略）鰯町大ニ混乱仕、日市も長〻相止ミ居申候程之時節ニ而問屋・中《仲》買中ハ申上ルニ不及、両市中相物商売ニ相携リ候程之者共迄渡世方難渋ニ差及、鰯町滅亡ニも可至之所、既ニ生月益富又左衛門ゟ重キ御願等奉申上候処、宜敷御聞得被為下、猶近年拝借銀御救等被為仰付（中略）鰯町再興仕重〻難有仕合ニ奉存上候[12]（下略）」（傍点引用者）

右のように益冨氏が大きな役割を果たし得たのは、相物・鯨油を安永年代には相当量納入していたからだと考えられる。藩としても特権を与えることにより、必需品鯨油の廻着確保をはかった。この一連の事実を見て言えることは流通過程から収取しようとする藩権力と商人層の激しい対抗が目立たず、経営規模の大小による対抗と、別業種の問屋間の対抗として現われていることである。この点は後述するが、ともあれ商人間での競争は相当に厳しく、問屋株が制限されていながらも対抗し、別業種の問屋をも脅かすほどである。それは運上銀という流通課税的性格の上納銀が、株数の制限をうけているために、逆に株の特権的性格として表現意識されてきているし、同時に擬制資本的性格を持ってきている。福岡藩の宝暦—天明期はこのような段階であった。運上銀体系が成立し、それを可能とする商品流通は都市を中心として相当の展開をみせている。藩権力は強引にそれを掌握するという態度には現れない。もちろん、石炭・櫨蝋等の専売制は行うけれども、それとても薩摩藩の如き姿勢ではない。前述したように、経営規模に応じて収納せしめる運上銀体系は、その意味では合理性に貫かれたものとして形成されたのである。

これから幕末まで、益冨家と福岡藩の取引が続くのであるが、その具体的な姿をみていきたい。まず郡役所より『注文之覚』が出される。それには鯨油樽の大小と数量、そして数量別の廻着港名、その港の受取人名等が明示してある。廻着港は年によって異なるが藩の永蔵、姪浜・奈多・博多・津屋崎・芦屋等が見える。このような注文をうけると生月側はその年の価格をいくらにするかで慎重に検討する。天保十三年十二月「筑前御用油御注文去ル十九日相達申候（中略）右御用油代銀（中略）納方幷直段銀御渡方之儀も御懸合御座候ニ付（中略）御堅（賢）慮被成下云々」[13]と検討を加え、翌正月に「油直段両国（筑前と肥後—引用者）ともニ百六十五匁替願出かた被仰下承知仕候、早速御崎申談候処、当年ハ諸方ともニ油相場高直ニ付、増方ニして銀百六十五匁、百七十目、百七十五匁かへ之直段、御崎ゟ申参候ニ付、此節直段書三枚、外ニ印形斗弐枚相認仕出申候[14]（下略）」と油相場の騰貴に応じて値段を三本建で考え、相手は領主側であるから慎重に高い値段をつけ臨機応変に対応できるように値段書を三枚用意している。

時代は少し下るが、嘉永三年「筑前御用油仕出帳」によって、両者間の取引交渉の過程をみよう。まず戌（嘉永三年）二月廿三日付で筑前国御郡御役所へ益冨又左衛門が返書している。「御国田方御備油御手当鯨油四斗入五拾九丁、弐斗入百八拾六丁、最上之油相撰、当三月限堅上納仕候様[15]」注文をうけたけれど「当年之儀古今承不伝不漁ニ而手元油所持不仕、御用達奉申上候儀出来兼奉恐入候[16]」と断っている。また黒田の支藩秋月からも四斗入三〇挺注文されているが同様に断っている。これに対し郡役所は「一向備無之而ハ不安心之儀ニ付、聊ニ而も御調達被下候様今一応及御懸合置候旨被申聞候間其御含を以御詮儀被下、何程ニ而も相調尺（ママ）便船を以御指越有之候様致度候[17]」と郡役所としては丁重に再度頼んでいる。藩がこれほどの姿勢をとるのは蝗災の被害の重大さを知らしめるし、鯨油が必需商品であることを示している。それでも鰯町石蔵屋幸助を通じて再び断っているが、その後四月朔日になって「寒煉之分上油四斗入百挺御注文之内上納仕度[18]」いので石蔵屋と相談されるようにといって引請け「直段之義ハ銀弐百七拾目替、肥後御国江も願出置候間、右之御含を以御願可被下候[19]」と石蔵屋へ取引の指示を与えている。事実この年は不漁であったにちがいないが、大樽一挺が銀二七〇目というのは、その前後の年から考えてもあまりにも高価である。（因みに、翌四年春には銀一七五匁で取引される。）いつもの年のように各役職者へ多くの進物が贈られているが、同年末、高価な鯨油に対して批判が起こった。「田方備油、生月益冨又左衛門ゟ年来納方有之候処、近年ニてハ油品合等不思敷、且直段合も脇方納ゟ高直ニ付、右等之都合又左衛門江度〻及掛合候得共聊相替候儀無之候条、当年ゟ注文相止、脇方へ注文被仰付度段村〻一同申出候、然ルニ（中略）一応又左衛門存念致承知候上、下方江可申付候間、此節其方呼出申談候条、急速生月表委敷申遣否可被申出候[20]」と郡役所から石蔵屋幸助へ命ぜられている。それは村方から、品質が悪く、値段が高いという苦情であり、さらに脇方からの購入が可能で、そちらの方が安いというのである。それに対し「御国之儀者年来格別御国恩之儀ニ付御注文御減ニ相成候迚聊麁（ママ）抹之油御用立奉申上候心躰（底）毛頭無御座、兼〻漁事中寒煉上澄油相撰用意仕[21]」と弁じたあと「御役所江御筆答申上候儀も奉恐入候ニ付、近〻手代指越、委細可奉伺候間可然様御執成被仰上可被下候[22]」と石蔵屋へ頼んでいる。翌嘉永五子年には「勢美鯨上油四斗入壱挺ニ付　代銀百四拾八匁、同弐斗入壱挺ニ付　代銀七拾五匁[23]」と安くし、「当年ゟ御こぎり不被遊候ニ付、正当之直段書上候様被仰付候ニ付負なしニ〆書上[24]」げると正価販売を伝えている。それに伴って「不相替御備油御注文被仰付、殊ニ御郡ミ為御試御増方之御注文等迄被仰付重畳難有仕合奉存候、且亦直段等引詰正当之処奉申上候様被仰付奉畏候、代銀之儀即銀・十月延両様之内奉申上候様[25]」と郡々での試用をする理由で増加注文をし、支払も即銀か十月延かの内、いずれかを申上げるようにという、藩側の必需品に対する柔軟な態度がみえる。

　価格が決定し、支払方法まで決まれば、もちろん筑前へ移出されるのであるが、この鯨油がどう使用されたかを次に見よう。「筑前御用備油」という名からも推察されるし、先に引用した「郡廨」に準備されたというように、蝗災に対してある程度あらかじめ備えられている。それが村々百姓の末端まで、農村機構を通じて割り渡されていく。筑前国宗像郡陵厳寺村の天保十年六月『御備鯨油割渡帳』によると、六月から七月にかけて渡されている。

「一油壱升　　半左衛門
一同四升壱合
一同五升
〆壱斗壱合
一同壱升　　与七
　弐升
弐升

〆五升[26]」

と分けて与えられ、十月から十一月にかけて割り当てに応じて銭を受取っている。同年の「御備鯨油代取立帳」によると、まず

「一正銀四百三拾六匁五分
　右ハ御備油三挺代
一同弐百六拾四匁
　右者下ノ関油弐挺代
〆銀七百目五分
百七文替
　代銭壱貫弐百四拾九匁弐分三厘
外ニ五拾目　取寄賃銭
　利五分
〆銭壱貫三百四匁弐分三厘
　内
弐拾目　樽五丁代引

残而壱貫弐百八拾四匁弐分三厘
　壱石九斗四升三合ニ割
　　壱升ニ付
　　　六匁六分壱厘充(27)」

まず最初に全体の計算がなされている。備油三挺と、下関より取り寄せの二挺で計五挺の正銀七〇〇目五分が計上、この銀の銭換算率一〇七文替、次の代銭一貫二四九匁二三は福岡藩通用計算貨幣で六〇文銭＝一匁である。計算方法は、

銭　107文×700.5＝74,953文5

銭　74,953文5÷60文＝1,249匁225

となる。以下、銭で匁が付いているものは六〇文銭である。

そこで割り当て価格は、備油、下関油の五挺分と取寄賃銭（運賃）と利（これは詳らかでない）とを加えたものから樽代一挺に付四匁、五挺で二〇目を差引き残りを樽五挺の正味量で除して、一升当たり単価、銭六匁六分壱厘が算出されている。樽代は一挺四匁、五人の百姓が一挺ずつ負担している。

「　右　之　内

　壱斗壱合

六拾六匁七分六厘　　半　左　衛　門

十月廿一日受取

五升

三拾三匁五厘　　与　七

十月廿一日受取(28)　」

この「右之内」は、上述の総樽数値段の合計の内で、これから各人に割り当てられた分の銭高を受取っていく。同藩内でも、宗像以外では、米で受取っている村々も多いが、この陵厳寺村等の海岸、津屋崎港の地方では銭で行われている。

さて、この百姓割り渡しの価格と、生月の販売価格との比較を試みると、必ずしも明確ではないが、益冨家の平戸本藩上納が、大樽一挺代、銀一〇〇目替が嘉永―安政頃の価格である。しかし筑前や肥後への販売価格は、前述の如く一四八匁から一七五匁、特に不漁で相場が高騰して二七〇目というのもある。しかし、天保期は大体一四〇目位であるから、前述の割渡し価格と大差ない。もちろん、運賃や樽代等は、この価格外で、百姓負担となっている。これらから、鯨油割渡価格で、藩が利益するとは考えられず、蝗災から農民を保護するための政策であったと云えよう。

そのために藩は、虫害予防のための備油をし、さらに被害拡大の恐れある時に、緊急に注文するためには、益冨家の保護も必要であった。鯨油廻着確保のためには「平戸領生月益冨又左衛門、去ル文化三年御願申上、鰯町為御救、年〻同町御運上銀之内ゟ一ヶ年ニ銀弐拾五貫目宛、十ヶ年之間拝借被仰付、去ル子(文化十三年)冬ゟ無利十ヶ年賦上納仕候筈之処(29)（下略）」と鰯町運上銀の内から無利息で毎年二五貫目、十ヵ年間貸付けるという融通をつけている。さらにまた次のような借用をも許している。

「　拝借証文之事

一金子弐千両也　　　　　　　但壱ケ月ニ壱歩利

右之金子此節手代畳屋宗作指越、拝借奉願上候処、御格外之御憐愍を以願之通御貸渡被為仰付冥加至極重畳難有、慥ニ拝借仕候、然者私初、手代中一統相励、当冬ゟ御威光ヲ以大漁事可仕、左候得者鰯町繁昌仕御国益之端ニも相成候様荷物送方等出情(精)可仕候、御金子返納之儀者漁事ニ不相拘来寅六月限元利共ニ毛頭無相違御上納可仕候、仍而為後日証文如件

嘉永六年丑六月　　　　　　　平戸領生月

益冨又左衛門㊞

筑前福岡御町

御役所(30)」

ここでは金二千両の大金を貸しているが、鯨油の確保と、その商品取扱いのための鰯町相物問屋の繁昌のためという理由である。さきの例と共に、この貸付は町役所が行い、鯨油注文は郡役所が行うのである。町役所が融通することが出来たのも運上銀の収取機構が整備されていたからでもある。さらに注意しなければならぬのは、この借用が嘉永六年六月であって、前述の鯨油価格をめぐって郡役所と益冨家が交わった嘉永四・五年の直後であることである。藩としても、農民の末端まで浸透していく鯨油の必需品としての確保には重大な関

心をよせていたのである。そしてそのことは、藩の支配機構にのった割り当てであったけれども、農民側の貨幣商品経済の受入れ条件がなければ行えなかったことをも意味している。

むすび

最後に益冨家の経営を通じて見た地方市場の構造を述べておこう。

前述の福岡藩への上納油が、藩機構を通じてではあったが、農民の末端まで浸透した事実こそ、商品流通の展開を示唆している。それにもかかわらずこの藩機構を通じねばならなかったことと、その程度の商品経済の発展であったということの二面性が福岡藩の幕末段階と考えられる。

一方、益冨家の経営で、筑前、肥後両藩に上納した油売上高がどのくらいの量を占めているかをみるために表[31]を掲げた。この安政三年は御崎組と壱岐前目組と五嶋板部組の三組であるが、御崎組の最初に計上されている銀二五二貫三四八匁七は支出高(以下同じ)である。その内、受取高で浜売銀、諸方問屋送込仕切銀〆高が七九・七%を占めているのに対し、肥後納は四・八%、前目組も浜売、諸方問屋送が六六・八%であるのに比べて、肥後・筑前両藩を合わせて一三・七%にすぎない。この合計を三つの組の受取高に占める割合でみると一〇・一%、つまり筑前・肥後両藩上納油代は、経営全体の受取高の一割を占めるだけということになる。それは、売上のほとんどが、浜売、諸方問屋への販売によっていることを示している。もちろん、年によって上納油の率も異なるが、通年してみても、益冨家の経営にとって主な販売先は、藩機構を通じてのそれではなく、

表 安政3辰春 物組利損勘定目録

御崎組					
銀　252貫348匁7			前細工，仕込組内銀〆高		
	内	56貫106匁73	鯨身類粕浜売銀，諸方問屋送込仕切銀〆高		79.7%
		5貫693匁8	筋干上137斤2合　41匁5替		8.1
		1貫235匁76	髭代〆高		1.8
		7貫360目	油61挺		
		内	40挺　100目替　御国御用納	5.7	10.5
			21挺　160目替　肥後納前細工焼共ニ	4.8	
		〆70貫396匁29			100
		但魚数7本	内2本子		
			冬春漁事高　1本ニ付　10貫30目余廻り		
	残而	181貫952匁41	損銀		
前目組					
銀　379貫385匁16			御運上，前細工，仕込銀組内雑用〆高		
	内	264貫832匁47	鯨身類皮物粕浜売，諸方問屋送込仕切銀鯨道具代 同附銀共ニ〆高		66.8
		44貫693匁54	髭代〆高		11.3
		21貫791匁11	筋干上 537斤4合4勺		5.3
		65貫400目	油 110挺　100目替　御国御用納	2.8	16.5
			340挺　160目替　肥後・筑前納油代幷前細工焼代共ニ	13.7	
			〆 450挺		
		〆　396貫717匁12			100
		但	魚数14本　内1本子		
			冬春魚事高　1本ニ付　28貫300目余廻り		
	残而	17貫331匁96	利銀		
板部組					
銀　170貫631匁74					
	内	98貫623匁12	鯨身類皮粕浜売，諸方問屋送込仕切銀鯨道具代 共ニ〆高		95.2
		1貫600目	油10挺　160目替		1.5
			尤詰出高41挺之内，御運上油，土産油31丁払残り右高		
		3貫384匁12	髭代〆高		3.3
		〆　103貫607匁24			100
		但	魚数11本　内2本子		
			春組漁事高　1本ニ付　9貫400目廻り		
	残而	67貫024匁5	損銀		
	損銀	〆248貫976匁91			
	内	17貫331匁96	前目組利銀		
	残而	231貫644匁95	全損銀高		
	外ニ	50貫500目	御崎組御運上		
		10貫000目	大嶋泊沖御運上		
		20貫000目	手船9艘諸雑用凡〆高		
	合	312貫144匁95			

右之通御座候　以上

5月　　　　益冨又左衛門

一般の商品流通ルートに乗せられているのである。捕鯨業経営が厖大な人員と前細工を必要とし、捕獲解体作業にはマニュファクチュアを展開している[32]意味は、明らかに商品生産である。そのために「大坂銀談之儀是迄船頭請持、問屋申談借請居候（中略）且者荷物之儀も前方油四・五百挺弁髭煎粕筋、重ニ送居候得共近年不漁之上、大坂油一入一切下落ニ相成、油共者近年半高ならてハ送不申、其上髭昨年ゟ長崎之方高直故、同所江向候様相成、是も半高位送筋之儀も以前者壱州組共ニ手納屋ニて御座候処、其時分筋下直ニ而甚不勘定ニ付[33]（下略）」と金融関係をもっている大坂といえども、商品価格の変動があれば、必ずしも大坂登せ荷にせず長崎の高い相場の方へ送っている。これは長崎に限らず各地方の相場によって、商品は流れていく。特に地方市場の中心となる拠点都市――例えば下関・博多・長崎など――への流入は注目に値する。

もちろん、これより以前、元禄十年に新潟港へ西国鯨一、〇〇〇両が移入され、宝永七年同港から同じ額だけ移出されている[34]。また正徳年間に大坂では「鯨油壱岐・平戸・呼戸《（子）》すじ油・ひげ油問屋[35]」がすでに八軒あったと記録されている。このように北陸や大坂に西国鯨やその製品が販売されていたが、幕末、除虫用として必需品となってからは飛躍的に生産と販売が増大した。

益冨家は上方や下関の銀主からも融資をうけて、莫大な費用を必要とした鯨組を維持していった。そこで福岡藩の鯨油代銀の受取は、石蔵屋に預けるか、下関の取引問屋肥後屋喜一郎等へ預け、大坂送金は、為替手形をもって仕切った[36]。各地へ納屋物として流通する一方、特定諸藩に上納油として積送され、また他方では船や苧《お》その他の生産用具購入のために商品が流れていく複雑な構造をとりつつ、貨幣流通は信用の裏付けによる手形流通が行われた。それは必ずしも中央市場に現われないで地方市場内のみで決済されるものも多い。

以上述べてきたことをまとめれば次の如くである。

第一は、鯨油の蝗災防除の技術伝播は享保期以降であり、それは農民が鯨油を受入れることが出来る条件が出来たためである。技術は経済的裏付けがあった時にはじめて大きく拡大していく。

第二は蝗災に必要な鯨油が需められる時期、つまり享保以降、特に宝暦—天明期には、西国各地に鯨組が急増した（平戸・壱岐・五嶋・大村・対馬等）。それと共に突組から網組への技術転化が行われ、生産力は飛躍的に上昇してきた。

第三に福岡藩の如く、運上銀の体系的収取機構が元文五年に完成するが、このこと自体、藩内の商品流通の発展を示していると同時に、その運上銀が鯨油廻着のための資金に使用されるという相関関係をなしている。

第四に、商品経済の農村浸透により、宗像郡など鯨油割り渡しに銭で支払われているほどであるが、それにもかかわらず、藩自らの保護政策と藩機構を通じて割渡さなければならなかった。

右のように地方での一応の商品流通が完結する程度に市場は成長している。もちろん、中央市場なくして成立しえないけれども、このような地方市場の成立を踏まえて中央市場も動かざるをえない段階が幕末であったと考えられる。

註

（1）安岡重明『日本封建経済政策史論』有斐閣、一九五九年、同「前期的資本の蓄積過程」（一）—（四）（『同志社商学』第一一巻第五号—第一二巻第五号、一九六〇年）。松本四郎「商品流通の発展と流通機構の再編成」（『日本経済史大系』4　東京大学出版会、一九六五年）。古島敏雄「商品流通の発展と領主経済」（岩波講座『日本歴史』12、一九六四年）。八木哲浩『近世の商品流通』塙書房、一九六二年。渡辺信夫『幕藩制確立期の商品流通』柏書房、一九六六年、その他。

(2) 古島敏雄『日本農業技術史』下巻（時潮社、一九五一年）特に六五六頁以下。
(3)『遠賀郡誌』上巻（増補改訂版、一九六一年）七一五頁。
(4)『福岡県史料叢書』第拾輯（福岡県、一九四九年）二三頁以下。
(5)『遠賀郡誌』上巻、七一五頁。
(6) 桑野文書「年代記」（『福岡県史　近世史料編　年代記㈠』、一九九〇年）七四九頁。
(7)『遠賀郡誌』上巻、七一五頁。
(8)「嘉永二己酉年閏四月上旬写之、先祖山県氏系譜益冨正敬」益冨家文書N0.1957、「益冨畳屋両家伝記　益冨正方」No.1958、「益冨畳屋両家伝記　益冨正敬」No.1959（以下引用史料で明記しないのは益冨家文書であり、ナンバーを付けているのは同家文書一連整理番号である）。
(9) 羽原又吉『日本漁業経済史』上巻（岩波書店　一九五二年）一三七頁、一三九頁。羽原氏は「また一説に生月益冨氏が蜘蛛の巣を作るを見て享保十八年に網組を創設したと伝えられている」（同書一三三頁）と述べておられるが、確かに十八年「丑ノ年迄突組致候而」（前掲文書No.1958-9）とあるが、この年に網組を始めたか否かは未だ明らかでない。それに比し元文五年「殿様鯨為御上覧三月十七日ニ私宅ニ御成」「夫レゟ只今迄網組相続有之」とあり、さらに「未冬迄七ヶ年之間突組」（No.1957）という文言から元文五申年はすでに網組であるのは確かであろう。
(10)「上ミ方、江戸、長崎、御立入町人由来書　全」（九州大学附属図書館記録資料館九州文化史資料部門所蔵）三九頁。
(11) 拙稿「近世博多における初期特権商人の後退と運上銀体系の成立――「博多津要録」を中心として――」（一）（二）（福岡大学『商学論叢』三巻一―二号　一九五八年）。
(12) 文化九年申五月「乍恐奉願上口上之覚」（No.1229）。
(13) 天保十三年寅正月「案紙帳」（No.417）。

(14) 右同。
(15) 嘉永三庚戌歳二月吉日「筑前御用油仕出帳」(No.237)
(16) 右同。
(17) 右同。
(18) 右同。
(19) 右同。
(20) 右同。
(21) 右同。
(22) 右同。
(23) 右同。
(24) 右同。
(25) 右同。
(26) 天保十年亥ノ六月「御備鯨油割渡帳」松崎武俊氏所蔵。
(27) 天保十亥年「御備鯨油代取立帳」右同氏所蔵。
(28) 右同。
(29) 文政五年午六月「借状帳」(No.253)。
(30) 嘉永六年丑六月「筑前御国若殿様初御入部ニ付旦那様御祝詞御延引御届向并拝借金願案紙扣」(No.932)。
(31) 「安政三辰春惣組利損勘定目録」(No.240) から作成。
(32) 遠藤正男「幕末鯨漁業に於ける経営形態」(九州帝国大学経済学会『経済学研究』六巻三号、一九三六年)。
(33) 「天保十五辰十一月　覚」(No.939-2)。
(34) 阿部真琴・酒井一「封建制の動揺」(岩波講座『日本歴史』12) 特に一七頁。風間正太郎『新潟商工業史』(新潟

商工会議所　一九一〇年）。
（35）「正徳年間ノ大阪問屋」（大阪商工会議所編集『大阪商業史資料』第十巻、一九六四年）一一頁。
（36）本書第五章。

第四章　鯨油の流通と地方市場の形成

はじめに

近世の中央市場の形成は、年貢米納入の制度と相俟って、基本的流通機構をなしていた。しかるに次第に発達してくる諸産業の商品流通は、それが領主側の手で把握されるか、生産者側あるいはそれに近づく商人側の手で把握されるかという二つの途として考えられるが、そのいずれにしても、必ずしも中央市場を経由しないか、中央市場の消費需要を目指さないで販売される商品が増加してくる。そのような意味での地方市場の形成を、ここでは鯨油についていささか考察してみたい。[(1)]

一　鯨油値段の決定をめぐって

（Ⅰ）値段をめぐる経営内の動き

まず鯨油の値段が決定されるについて、経営内部ではどのように対処し、どのように考えられているかを、益冨家文書のうち文政九年『諸方案紙帳』[2]でみてゆこう。この史料は、旦那様（益冨又左衛門）と納屋や売場の間、各組の間、その他との往復書簡の全文、差し出名、宛名、月日等が記されたものである。

(1)　価格の修正

「荷物代御書付之内、油ハ今少〻者高直ニ相成可申哉と奉存候」[3]――価格取り決めが低いため修正している。

(2)　上方相場と比較して考える

「上方油直段、鞆八拾七匁ニ売払申候、此先如何御座候哉と奉存候、上方、いわし油等之義無御座、八拾五匁ゟ九拾匁迄ニ旧冬相成候由、文次郎申聞候[4]」

当家の用語法で「上方」は、所謂、京・大坂中心の畿内だけではなく、瀬戸内殊に備後国鞆、さらに下関などを含めて呼称することが多い。例えば『算用帳』で随所にみられる上方まで仕登せて帰ってきた船の「上方下り算用」には、下関以東の瀬戸内より兵庫・大坂などの取引先が含まれている。それから考えれば鞆で八拾七匁で売り払ったのも含んでいるとみられる。

(3)　経営内部での詳細な打ち合わせ

「一宝栄丸・大神丸、上方御仕登せ油粕筋御積入高承知仕候、如仰右荷物ニ而四拾貫目ハ残リ可申奉存候
一油直段之儀い才（委細）被仰下置、承知仕候、如仰と奉存候
一義作殿、筑前行断之由、承知仕候、（中略）油、肥後・筑前共ニ直段之義、近〻御相談可申上候得共、御便之節御賢慮可被仰下候
一白山丸肥後行之義承知仕候、爰元ニ而も右之心得ニ而、旦那様ニも伺置候ニ付、節句後遣申筈ニ相極メ居申候、尤一昨日之風ニ而御崎大納屋高又三本吹折候ニ付、今日若衆、田平へ遣、相調、白山丸ゟ積廻之筈ニ御座候、着ニ相成候ハ、爰元居候而も無用之義ニ付、其御元江遣可申ニ付、直ニ御積入可然と存候、い才ハ其節御懸合可申上候[5]（下略）」

と、上方仕登せ、油直段、筑前・肥後行とその値段等、畳屋売場と大納屋との間で詳細な打ち合わせが行われている。殊に価格の決定は諸般の情勢から考えられているし、商品の積載量についての判断も、いい加減のものではない。

(4)　値段きめで、筑前と肥後はつねに比較されている

「一此度肥後御用油為積入、白山丸文次郎指越申候、御積入可被下置候、用心油之儀五十歟、八十歟、船頭御

相談御積入可被申候（中略）
一直段之儀、上方も近々仕上候由ニ付、銀百匁□(虫損)之物と奉存候、筑前之儀ハ、銀直ニ御渡被下候ヘ者肥後ゟ直引ニ可仕奉存候得共、代銀十月渡リニ付、肥後同様百匁替と奉存候、御賢慮可被仰下候、上方直段仕上同前ハ肥後用心油之義も沢山ニ者及申間敷奉存候(6)」

船頭は各地の事情に通じているために、それと相談の上、情勢分析の上で数量の見通しが行われている。また価格決定は上方の動向を考えて銀一〇〇目位と判断されており、さらに現金取引ならば肥後より安くしてもよいが、十月の支払いだから（この手紙は三月八日付）半年の期間があるので、肥後と同様の百匁替が妥当と考えられるがいかに、というのである。さらに用心油の価格も、上方の仕上を考慮に入れている。筑前向けの値段は、肥後と同様に考えられているし、それら価格の根底に上方価格があることが重要である。

(5)　上方のみでなく近くの鯨組の値段との関係も生じる

「一筑前御用油直段之義、是又前ニ同断(前項引用個所)、文略仕候、尤、呼子組江も御用被仰付候ニ付、彼方ゟ申出候直段通りニ〆遣方勝手之由、組直前善四郎殿と御相談之趣承知仕候、爰元も最初ハ右御同様之御含ニ御座候処、御注(ママ)之節申来候ハ、益冨組同様(直段通)ニ而諸事(銀渡リ共ニ)相納メ可申趣、願出候段申参□□候、左候得者、何れ此方ゟ直段相極メ指出可申方ニ奉存候○(との義ニ御座候)前刻白山丸ゟ御懸合申上候趣意、御返答被下候ハヽ、例之通書付等認遣可申上候(7)」

ただ上方の商品価格のみではなく、肥前国唐津領呼子の小川島捕鯨業との競争が現れ、値段変更の前に充分相談されている。しかるに、最初の注文の時には当組の決定価格がそのまま通用するようであったため、この問題が生じている。同じ地方市場の内部において、同種経営との競争が行われている事実は重要である。上方価格の基準はあるけれども、競争となれば、さして高値に決定するわけにはゆかないであろう。

しかし、それだからといって市場が直ちに奪われることにはならない。なぜならば、後述の如く、筑前からは借用した銀高がある。つまり借銀には二つの意味が考えられるのである。藩側からいえば貸付けることによって商品の廻着確保を意味し、経営側からは、需要の確保、貸付資金取り立てのためには藩はその経営を見捨てはしないだろうからであろう、それは利子収得の意味と共に元本の喪失につながるからである。この両者の歩みよりこそ、すでにこの段階では、上方価格とにらみ合わせて競争価格が形成されてゆくのであって恣意のみによる価格形成は許されないのである。もちろん、生産費に対応する一定の利潤を観察しての価格形成ではなく、市場価格の意味として形成されてゆくことを見落としてはならないのである。だがこの形成こそ、経営の生産価格が成立していく当然の前提であることはここで喋々するまでもないであろう。

(6)　値段決定の駆け引き

「一油直段之義、代銀十月御渡ニ付、只今直段書指出し不申候而も可然、去年御役所向等之義、儀作殿ゟ御承知之由ニ付御細書被成下、且又組上銀ならハ自分立願も御座候ニ付、筑前御登之由、其節直段書遣候而も宜敷事共ニ御座候而も是非義作殿ニ而も御申付可被遣哉之趣承知仕候、御紙面ヲ以御伺申上候処、随分可然ニ付、兎も角も宜敷御計可被遊候様ニとの義御座候、乍然去年は兎も角、当年之義ハ、油直段も近〻仕上ケ、殊ニ油納候上、直段書指出候様との御極メニ付、若納メ後直ニ差出候様被仰付候義も難計ニ付、直段書

弐枚相認為持申候、尤是者用心物ニ而御座候ニ付、御賢慮次第可然御申付可被下候(8)（下略）」

と十月支払いであるから、その時の相場で値段を考えればよいのであるが、油を納入した直後に値段書を出さねばならない事態が生じる可能性ありとして二枚の値段書を用意している。これは価格変動の中でいかに高値をつけるかの配慮と、藩権力に従う対応策とであって、商取引の虚実を示している。

(7) 他組との融通

「一土肥方、肥後御用油対州ニ而出来不申由、此方ゟ納呉候様被相頼候由、割合等之義御細書拝見仕候、近ゝ被仰下候通、当年ハ春浦不漁年之上、上方へ油近ゝ登済ニ相成候ニ付、囲置度御崎用も、千弐百余ならてハ無御座、右之内田方指油四百挺引候へ者八百丁ならてハ無御座候ニ付、此節之御相談御断申上候筈ニ御座候得共、肥後表間違候而ハ御徳《（得）》意先キ御難渋と相察候ニ付、任御望ニ可申との義ニ御座候

（中略）

一肥後行油運賃之儀、爰元江者拘り無御座候、相応ニ御立可被下候
一銀拾六貫目余、肥後為替之儀被仰下、い才《（委細）》承知仕候、組上り迄之内無間違被相渡候ハヽ、随分御為替御申越被成候様ニとの御事御座候
一彼方ゟ之書付弐枚拝見仕候、諸進物等之儀者、彼方ニ一切御用意御座候由承知仕候
一対州江尚又油被申越候由参候ハヽ、雑用高割之義承知仕候、若五拾丁、百丁歟、現銭売之節如仰九貫文ニ而可然奉存候、肥後ニ而請取之節、正銀九拾目替、尤手船ニ御座候ハヽ、右外運賃請取可申趣承知仕候(9)」

右のように対州土肥組が不漁のため、肥後油を送れなくなり、益冨組は、代りに送ってくれるように頼まれた。土肥組や肥後の事情を考えて引き受けている。そのため運賃はこちらの決定で行われること、為替は組上り――三・四月――の頃までに間違いなく渡されるためには申し入れた方がよいこと、進物等の用意は土肥組からなされていること、さらに対州へ油の注文があれば、五〇丁～一〇〇丁位現金ならば正銀九〇目替で可能であり、運賃は当方の手船を使用するから別途に申し受けることなどこまごまと内容が決められている。取引の複雑さと、それに関連する付帯条件は厳密である。

土肥組と肥後藩との窮状をみての取引であるが、土肥組と当組とは壱岐の前目・勝本という二つの組で一年毎に交替組として捕鯨を担当する関係もあり、単なる競争相手以上の結びつきがある。肥後藩の市場を考慮に入れていることは明らかである。

(8)　筑前油の値段修正の交渉

「一筑前油直段、百匁ニ而ハ下直□様ニ御勘合御細書拝見仕候、右一件之義者、御賢慮被仰下候様先達而御懸合申上候処、去年も利銀之割合有之候ニ付如何共難被仰越~~此相伺相応~~趣被仰下候ニ付最早之日数も無御座候、先書之通ニ御座候跡事ニ相成候得共、筑前御都合も御座候ハヽ、可然御斗可被下候[10]（下略）」

百匁では安すぎるのだが、借用銀の利子の割合もあることだし、交渉の日数もない。また筑前の方の都合もあることだろうから仕方がないだろうというのである。しかし「油近〻仕上ケ候由ニ付、先書直段余下直ニ相当テ申候ニ付、銀百八匁替ニ〆千蔵江為持遣申候、若此節直段書□(是カ)非指出候様と御座候ハヽ、右百八匁之書付御指出可被成候、い才《委細》ハ千蔵申付置候間、御承知可被成候[11]」とあまり下値であるため、百八匁の要求を行うよう手だてをしている。一方白山丸文次郎宛に同じ四月五日付で「油次第上ケ、博多並油ニ而銀百目位之相場ニ相成申候、□之其御元御用油余り下直ニ付、百五匁替ニ〆別紙認遣申候間、未直段書御指出ニ相成居不申候ハ、、今度之書付御指出可被成候、い才ハ飛脚之者ニ申付置候[12]」と相場の上昇に応じて値段の修正をなすことに極力つとめている。しかし心底では「用心油直段合不宜候ハ、、御積戻り可被成候[13]」と追伸で述べているほど強い姿勢である。商業資本が、封建権力に対して、需要が他にもあり、相場が強い時にしめす姿勢を示唆するに余りあろう。

(9) 上方相場をめぐって下関問屋との交渉

「去ル三月福神丸弥平次、下り之節者、同人仕切油一件ニ付、委細被仰下承知仕候、然ル処上方相場引上ケ候義者、住吉丸登リ、白山丸下リ之節之一件ニ而御承《存》知有之筈之処、右銀之御斗、甚難其意得奉存（中略）壱丁ニ付四匁宛引方可仕候間、銀九拾匁替之仕切御下シ可被成候[14]（下略）」

と、上り下りの船頭を通じて、非常に敏感に上方相場を把えて、下関の取引先、三軒の問屋に値段の引下げを求め、同日付で為替手形を振出し「別紙為替手形遣申候間、無間違白山丸文次郎方へ御渡可被下候[15]」と迫っている。

⑽　肥後・筑前御用油、不漁につき高値

「一肥後・筑前御用油、当年之漁振ニ付、御注文高相揃不申ニ付、去歳之通半かた納、残リハ減少願方之儀被仰下、御尤ニ承知仕候、依之右願かた肥後方へハ井元孫三郎今朝指越申候、筑前へハ篠崎庄作御指越被成候由承知仕候

一油直段、両国ともニ百六十五匁替願出かた被仰下、承知仕候、早速御崎申談候処、当年ハ諸方ともニ油相場高直ニ付増方ニして、銀百六十五匁、百七十目、百七十五匁かへ之直段、御崎ゟ申参候ニ付、此節直段書三枚○（外ニ印形計弐枚○）相認仕出申候、御落手之上可然かた御斗被下候様奉存候、肥後へも右之通ニして為持遣申候、委敷義ハ御崎ゟ御懸合申上候ニ付文略仕候

一肥後御役人御頼、尾羽毛之儀、筑前・肥後進物等も有合不申躰ニ付、其許ゟ御仕出かた可被成兼候ニ付、半方歟、皆無歟、両条之内、此節前以願候様被仰下候ニ付、右之通相斗候様申付遣候、左様御承知可被下候」[16]

この項は、⑴から⑼までと異なり天保十三年寅正月の『案紙帳』からの引用である。幕末に近づくにつれて、不漁の年が多くなってくる。

文政末には百匁前後であった価格が、天保末には百六十五匁以上に高騰している。これは不漁に基づく需給関係の変化と考えられる。これを百七十匁にするか、百七十五匁にするかで掛け引きが行われて、その時の判断でどの価格に落ちついてもよいように、値段書三枚を用意し、臨機応変の準備を行っている。

⑾　筑前へ種子油を注文の予定

「一種子油入もの可被遣ニ付、入次第爰元ゟ送かた仕候様被仰下候得共、人物も相達不申、油重家燈用も先日ゟ指支、平戸ゟ壱升・弐升充調、相償候得ども、最早平戸へも小売油無之趣、今夕申参候ニ付、折角筑前共へ注文之積ニ御座候、依之長崎どもへ御注文御償可被成候[17]」

これは鯨油ではなく、燈用としての種子油が払底し、筑前の特産物である種子油を注文するつもりだというのである。鯨油が、中央市場へ積み登されない量があることと同時に他の特産物も地方市場で消費されている。この可能性は、一方で鯨油の筑前送りの交流が重要な意味をもっていることを示唆している。

以上⑴から⑾まであげた諸種の事例によってうかがえることは、鯨油値段は、一方では上方相場の変動に気を配りながら、他方では取引相手との駆け引き、そして他の鯨組経営の値段との競合の上で決定されているということである。その態度決定の特徴は値段に幅をもたせて考えるか、または二段ないし三段くらいに値段を内定し、仕切書などの準備も値段に応じて、いつでも提出されるよう用意されていることである。しかしこれとても、単なる前期的・独占的な値段ではなく、振幅はあるけれども一つの価格水準をもって上下している値段である。

（Ⅱ）筑前御用油の取引と値段

平戸藩生月島益冨家と福岡藩との関係が生じた年代はあまり詳らかでないが、安永九年十一月晦日に拾人扶持を益冨又左衛門が、また畳屋清《(勢)》右衛門が年々白銀拾枚宛を福岡藩から授けられている。「鰯町石蔵屋出入一件ニ付段々深切之趣猶又右落着之儀（中略）且又鰯町商売筋ニ付是又仕入等いたし繁昌候様問屋共可被申談候[18]」とある。博多鰯町の石蔵屋といえば相物問屋として大をなしていた。もともと鰯町といえば、海港より船が入り易く、相物の陸揚げが容易であったため相物大問屋があった。それに対し博多古渓町の方は生魚の方の売買を担当するよう、分担されていたが、両町の間の分担はなかなか微妙な対立を含んでいた。それが運上銀負担という問題が出て一層複雑となってきた。ことの起こりは次の如くである。元文五年、運上銀の体系的収奪が形成されたあとにまず対立が表沙汰になった。もちろん石蔵屋はそれ以前より両替屋を営む程の信用ある大問屋であった。この鰯町と古渓町の対抗が安永年間まで持ち込まれ、ついには、相物運上投請となり、古渓・鰯両町の支配となった。そのために「入荷御運上銀取立方古渓町支配と鰯町支配と之場所分之儀御触達被為仰付候処右奉申上候通、旅相物之儀ハ両市中共ニ根元鰯町ゟ支配仕来居申候ニ付、乍恐其節御願可奉申上之所其砌鰯町大ニ混乱仕、日市も長く相止ミ居申候程之時節ニ而問屋・中《(仲)》買中ハ申上ルニ不及両市中相物商売ニ相携リ候程之者共迄渡世方難渋ニ差及、鰯町滅亡ニも可至之所、既ニ生月益冨又左衛門ゟ重キ御願等奉申上候処、宜敷御聞得被為下、猶近年拝借銀御救等被為仰付誠ニ莫太《(大)》之奉蒙御国恩、鰯町再興仕、重〻難有仕合ニ奉存上候[19]」と相物問屋のみならず鰯町の繁昌のために尽した益冨氏の役割は大きかった。それは鯨油を中心とした相物の廻着を鰯町に行うことにより、石蔵屋と由岐屋（あとは石蔵屋のみとなる）の両問屋はもちろん、町の繁昌を致したというのである。このことで扶持と銀子を頂戴することになった。

平戸領生月から、福岡藩という領域外との海上取引が、両者の密接な関係をもって展開されてゆくのである。そこで次に、御用油の値段をめぐっての動きをみてゆこう。

まず郡役所より注文がなされる。

「　当辰年郡〻田方蝗災備入用
　　鯨油注文之覚
一鯨油百拾壱挺　　　　　　　　四斗入
一同　百弐拾六挺　　　　　　　弐斗入
　　右芦屋町水揚
一同　四拾四挺　　　　　　　　四斗入
一同　弐拾挺　　　　　　　　　弐斗入
　　右福岡中出蔵水揚
一同　弐拾五挺　　　　　　　　四斗入
　　右姪浜水揚
〆鯨油　百八拾挺　　　　　　　四斗入
　同　　百四拾六挺　　　　　　弐斗入
一右注文者油樽別堅焼印を居《（ママ）》へ可被申候、猶委細之儀ハ別封ニ申入候
一油廻着之節届先、左之通可被相心得候、以上
　　　　　　　　　　　　　　　　　福岡永蔵下廻着
　　　　　　　　　　　　　　　　　　　郡　役　所

芦屋町廻着
　浜問屋
　　正五郎
　角屋
　　源兵衛
姪浜浦廻着
　同村庄屋
　　石橋太右衛門

筑州
　郡役所㊞

天保十五年正月
　益冨又左衛門殿[20]」

郡役所からの正式注文が正月の日付で行われている。そこには廻着港別に樽の大小、数量、そしてその港の請取場所や立会者が明示されている。この鯨油のほか小骨塩鯨、尾羽毛鯨、吹腸、赤身鯨等が「田方備油一同積越頼入候」年もある。

さきに引用した注文よりも時代は少し遡るが、天保十三年『案詞帳』によって、経営側の対応についてみてみよう。

「一筑前御用油御注文、去ル十九日相達申候、則御注文之写シ指上申候、御落手可被下候
一右御用油代銀御渡方、其外御返書、別紙之通り御崎へ□（破損）相認入御覧申上候如何被答□（破損）納方并直段
銀御渡方之儀も御懸合御座候ニ付其御元ニて得と御堅（賢）慮被成下諸事答通り御消（削）添被成御書直し御仕出可
被下候、此元ニても斗兼候儀も御座候ニ付、御郡御役所ゟ之書状共ニ懸御目申上候、御都合能方奉頼候
一御頼鯨品ミ石蔵屋ゟ別紙之通申参候ニ付、御崎へ掛合越候処前目へ相頼仕出候様申参候付、其元ゟ夫ミ
御仕出可被下候、奉頼候
一油御請書弐枚

（中略）

十二月廿二日　　　　売場
前目
西大納屋(21)」

注文をうけた側は非常に慎重であった。価格の決定も売場と前目大納屋、つまり売場と捕獲現場の大納屋との間に状況判断のために譲りあっている。

さきに引用した(22)（Ⅰ）の⑽ように市場の相場を眺めて、三本建で進み、高い値段の可能性あらば、高い方に値をつけるよう、値段書三枚を用意しているほどである。この年は「不漁旁不用意ニ付、御用なしニ御断申上候様被仰下承知仕候(23)」と数量も少なくなっている。また「肥後御用油直段之儀被仰下候通是亦申附置候、何れ壱州ゟも御用油相納可申ニ付直段等出会之上得と申談、其御許ゟ御指図前ゟ増方ニ相成候様以模様出情（精）願出

候様委敷申附置候[24]」と筑前と同様、肥後にも対処しようとしている。とにかく、正月から二月にかけて、その年に取引される数百挺の鯨油価格の決定であるから慎重にならざるをえないが、その決定は、従来までの価格にいかにプラスするかにある。それは、確かに市場価格＝相場をにらんだ上で、経営者内部で微妙な対策が行われている。「筑前御用油代即銀御渡方被成御願候処是迄之通三分弐度渡致呉候様御相談御座候由被仰下承知仕候、直段之義ハ正銀百七拾五匁替願済之由、尤御模様ニ而直段増御願可被成哉之営御含之段承知仕候[25]」とて、支払方法によって値段が異なるのであって、合理的である。そこで次に、藩側と経営者との交渉に入ってゆこう。

時代は少し下るが、嘉永三年の『筑前御用油仕出帳』をみれば次の如くである。まず戌二月廿三日付で筑前国御国御郡御役所へ益冨又左衛門が返書している。その内容は「御国田方御備油御手当鯨油四斗入五拾九丁、弐斗入百八拾六丁、最上之油相撰当三月限堅上納仕候様[26]」の注文をうけたけれど、「当年之儀古今承不伝不漁ニ而手元油所持不仕、御用達奉申上候儀出来兼奉恐入候[27]」と断っている。また黒田の支藩秋月からも四斗入三〇挺の注文があったのも同様に断っている。これに対し郡役所は「一向備無之而ハ不安心之儀ニ付聊ニ而も御調達被下候様今一応及御懸合置候旨被申聞候間、其御含を以御詮儀被下、何程ニ而も相調尺便船を以御指越有之候様致度候[28]」と非常に丁重に再度頼んでいる。それも備油なくば不安だから何程でもよいとまで言っている。藩側が、これほどの姿勢をとるのは、蝗災の被害の重大さを知らしめるし、必需商品たることを示している。それでも博多鰯町石蔵屋幸助を通じて再び断っているが、その後四月朔日になって、漸く「寒煉之分上油四斗入百挺御注文之内上納仕度[29]」と石蔵屋と相談されるようにといって引請けている。そして「直段之義ハ銀弐百七拾目替、肥後御国江も願出置候間右之御含を以御願可被下候[30]」と石蔵屋へ、郡役所との取引の指示を与えている。事実この年は不漁であったにちがいないが、一樽銀二七〇目というのは、その前後の年から考えても、あまりにも高価であることは否定出来ない。そして翌嘉永四年の春は四斗入正銀百七拾五匁で取引、上納されている。いつもの年のように進物も多く行われているが、同年末、高価な油に対して非難が起こった。

「　覚

田方備油生月益冨又左衛門ゟ年来納方有之候処、近年ニてハ油品合等不思敷、且直段合も脇方納ゟ高直ニ付、右等之都合又左衛門江度々及掛合候得共、聊相替候儀無之候条、当年ゟ注文相止、脇方へ注文仰被付度段村々一同申出候、然ルニ生月表油注文之儀者、去ル文政五年以来三十ヶ年余も相続候儀ニ付、一応又左衛門存念致承知候上、下方江可申付候間、此節其方呼出申談候条、急速生月表委敷申遣否可被申出候、已上

亥十二月　　　　　　　御郡役所　判

石蔵屋幸助殿㉛」

ついに村方からの苦情も出たといって役所から石蔵屋を通して、今度は相当に強硬な姿勢で通達されている。それは脇方からの購入可能性と、それの方が値段が安いということである。つまり独占的経営ではすでになく、相場が立ち、競争が行われることの上で価格が形成されるのである。先に指摘した肥前呼子の油との競争もあり、宗像郡では事実下関からの購入もみられる。

そこで右のことに関しては形通りに詫び、さらに品物は寒煉上澄油を選んで送ったのであって粗悪品ではないことを弁じている。そして翌子年の注文は「勢美鯨上油四斗入壱挺ニ付代銀百四拾八匁、同弐斗入代銀七拾五匁」で「御買上被仰付被下置候様奉願候」としながら「当年ゟ御こぎり不被遊候ニ付正当之直段書上候様被仰付候ニ付負なしニ〆書上」[32]（傍点は引用者）とて正価販売することを申上げている。この正価がどこまでのものか、原価観念のない時代であるから明らかにならないが、時の相場に近いものを標準として価格を決定したであろうことは、先の引用史料からもうかがえる。しかしこれは単に流通過程で決められる――相場や駆け引きも含んで――値段の性格だけであろうか。別に指摘したように、[33]『惣組利損勘定帳』などで一年の収支計算を行って利損を比較している。個別的に各商品の価格の生産コストを知るようなことはないが、それにしても、商品の中心になる鯨油の値段は、どのくらいのものであれば経営が維持できるかを考える可能性は帳簿の上からも知ることができる。

さてその支払いは、前掲の如く「即銀御渡方」を願っても「是迄之通三分弐度渡致呉候様」に云われていたのにもかかわらず、この季に至っては、即銀でもよいということになっている。藩側も、他への油を注文するなど強いことをいいながらも支払方法で便宜をはかったり、柔軟な態度を示している。

右のように価格が決定され、筑前に移入されるわけであるが、それの使用はどうなされたかを次にみよう。「筑前御用備油」という名からも推察される如く、蝗災に対してあらかじめ備えられていたことがわかる。それが村々百姓の末端まで、庄屋を通じて割渡された。例えば筑前国宗像郡陵厳寺村の天保十年六月の『御備鯨油割渡帳』によると、六月から七月にかけて割渡されている。

「一油壱升　　　　武平
　弐升
　弐升
〆五升
一同壱升五合　　芳吉
　弐升
　弐升
〆五升五合(34)」

というようにみえる。これに対し、十月から十一月にかけて各百姓から、銭を請取っている。その値段は

「一正銀四百三拾六匁五分
　右ハ御備油三挺代
一同弐百六拾四匁
　右者下ノ関油弐挺代
〆銀七百目五分
百七文替
　代銭壱貫弐百四拾九匁弐分三厘

外ニ五拾目　取寄賃銭
利五分
〆銭壱貫三百四匁弐分一厘
内
弐拾目　樽五丁代引
残而壱貫弐百八拾四匁弐分三厘
壱石九斗四升三合ニ割
壱升ニ付
六匁六分六厘充
右之内
壱升壱合
六拾六匁七分六厘
十月廿一日受取[35]（下略）」

これによると、備油三挺と、新たに下関より二挺取りよせて計五挺を割り分けている。この代銭は、筑前の六〇文銭であって、銀一匁＝銭一〇七文替で、その文高を六〇文で割ったのが銭何匁である。

そこで百姓への割りあて価格は、備油、下関油の一樽平均と取寄賃（運賃）と利（これは何の利であろうか）とを加えたものから樽代一挺につき四匁を差引き、その油の正味一石九四三合分で一升当たり単価銭六匁六分一匣で渡されている。これによると大樽（四斗入）が正味平均三斗八升八合六勺ということになる。それから樽の五挺代は一挺四匁で五人の百姓が分担納入している。

これからみると百姓の末端まで、相当徹底して鯨油が行き渡っているのを知るが、それでは、生月の積越価格と比較すればどうなるか。益冨の本藩平戸納が大樽一挺代、銀一〇〇目替が嘉永―安政期の値段であり、それを前述の如く一四八匁以上一七五匁、更には二七〇目売というのもみえる。しかし、天保期の売上価格が未だ詳らかにならないが、一四〇目前後であったと考えられる。すると藩の移入に基づく価格は、藩の利益はもたらさず、百姓の基本的農業生産を保護するためのものと考えてよかろう。

以上、鯨油の上納と価格をめぐっての問題について述べてきたが、鯨油という必需品の確保のために、藩側は資金を貸付け、農民には、必要移入の原価で配分していると考えてよかろう。というのは、右の天保十年陵厳寺村の鯨油は備油がいずれの産か不明であり、下関の分も、必ずしも長州捕鯨の鯨油とは限らないからである。備油は生月分と想像される以上の何も明らかでない。ただ、それにしても、生月の鯨油販売価格と大差ないことは注目しなければならない。市場相場に益冨売場が常に注意を払っているのは、偶然ではなく、価格がこの相場をメルクマールとして決定されていることの意味は重要である。

(Ⅲ) 肥後御用油の直接取引関係の樹立

次は肥後御用油であるが、上述のように、その値段は筑前のそれと比較対照されることが多い。

さて寛政十年午十月に次のような願が出されている。

「　奉願口上之覚

鯨油之儀前〻より私方江御用被仰付難有仕合奉存候、然処此後右油御用之儀、御国御勘定所直納被仰付被下候ハヽ、御益筋ニも相見得可申と奉存候ニ付、願之通被仰付被下置候者、難有仕合奉存候、油之儀者晴（精）々念入上納可仕候、此節私儀病中罷有候ニ付、乍恐代勢右衛門ヲ以、此段奉願上候条、可然様御達ニ成被下置候様奉願候、以上

益冨又左衛門
代山県勢右衛門

十月

御国御勘定所
御役人衆中様(36)」

御国御勘定所への直納を願い出て、その方が御益筋になると願い出ているところをみると、それまで商人等の仲介があったものと考えられるが、それを排除して勘定所と直接取引を目指しているようである。これに対して

「油願相済御書付扣
国用之鯨油例年御調達有之候処、已来役所直御懸合有之度由、書付御達被置候ニ付相達シ候処、已来勘定所江直御懸合有之筈相決候間、左様被有御心得候様可申達旨御座候、以上

十月十六日　　　　　　　　　　　　　　　　　郡司忠之允

山県勢右衛門様[37]」

と勘定所と直接に掛け合うことが許され、同日付の礼状が出されているが、三日後の同月十九日付で「御献上御窺相済御書付扣[38]」が出されている。この間の詳細は略すが、献上品の受納と、勢右衛門に水前寺御茶屋の拝見が許され、さらに反物と紙の各一箱が与えられている。

この献上品の多彩なことは措くとしても、献上先は勘定所、奉行、勘定頭、勘定根取役、奉行根取、郡頭その他にわたっているが、熊本の吉文字屋勘右衛門、川尻の沢屋惣左衛門、大庄屋の大賀千助、さらに万屋儀右衛門その他となっている。取引に関係ある役人に対して献上されていることは当然であろうが、熊本藩の商人と思われる名前がみえるのは、勘定所と直接取引になった今、いかなる商人であろうか。つまりこれは勘定所出入の特権商人であって、商品取扱いの実際に携わるものではないかと考えられる。商人の仲介、それにもとづく中間経費、利潤を省いて藩役所と直接取引をなしたところに、藩側も快くこの願出を許したと考えられるのである。逆にいえば、多額の献上品を納めても、なお当経営にとって利益が生じたと考えられるのである。それ故、特に願出てその流通機構を変えたのであり、一定価格の確保を目指したものであろう。

二　下関問屋との取引

（Ⅰ）下関諸問屋との取引

鯨諸商品が取引されるのは、上方、下関その他の諸藩であるが、ここでは下関の問屋との関係をみよう。文化十年『算用帳』によった一例をあげると次の如くである。

「　酉八月十九日　戎丸弥平次
　下関下リ算用
一銀拾五貫六拾目五分四リン
　　鯨大樽油　百三拾挺　十弐貫文替
　右者肥後屋喜一郎売仕切銀
一同拾壱貫五百九拾弐匁壱分弐リン
　　同油　百挺代　十弐〆文
　右者細屋七郎右衛門売仕切銀
〆廿六貫六百五拾弐匁六分六リン
　　内
　　　　　細屋　七郎右衛門預ケ

一同拾壱貫五百九拾弐匁壱分弐リン

正銀拾貫八百廿三匁七分八リンニてかし

一同壱貫弐百七拾九匁九分

印木綿七拾反　　代四百八拾文替

阿かね四反　　八百文替

鉄　弐拾束　　九拾壱匁替

〆

右者御崎売場受取

一同七貫五百四拾九匁六分五リン

越後米百拾三俵　　升四斗三升四合入

同米　百八拾七俵　　升四斗弐升三合二勺入

〆銀五拾四匁替

外ニ口銭中鉄共ニ

右者細屋・肥後屋方ゟ買入米、御崎江上り受取

八月六日

一同五貫百~~五拾九匁五分~~七拾七匁三分五リン

正銀三貫五百匁

金　弐拾両弐分

百七文銀六拾五匁三分替

〆

　右者売場納受取

同十四日

一同百三匁五分

　　金壱両弐分

　右同断受取

一同弐拾五匁三分七リン

　あみた之奈□壱丁

　徳平次殿名前之分　こま屋取

七月廿八日

一同五拾~~六匁九分九リン~~八匁七厘

　　米弐俵　升壱石五合

　右同ひこや喜一郎ゟ買出分船ふ七用

九月十五日

一同五拾三匁

　同弐俵　此升八斗四升

　右者平戸ニ而買入候分

九月廿三日
一同弐百目　　売場受取
〆弐拾六貫三拾八匁九分六リン
残而六百拾三匁七分
不足かし(39)」

酉八月十九日に船頭弥平次の戎丸が下関から下ってきた時の算用――内容である。まず鯨油大樽一三〇挺を一二貫文替で肥後屋喜一郎へ売り仕切っている。その価格が銀一五貫六〇目五分四厘というのである。次の一〇〇挺も細屋七郎右衛門に売っている。「内」以下は、売仕切に対して、受取り、預け、その他商品の買入れ等の内訳である。現銀で受取ってもいるし、印木綿・あかね・鉄・米等を購入している。殊に越後米の大量購入が目立っている。現金で受取っている場合は、銀で計上され、実際の受取り金高を横に付記している。結局これは、売仕切合計に対して、預け、購入の綜合である。そこで不足分は貸しということになっている。

下関で売掛けが行われ、一部は越後米が購入されている。この取り引きは、大坂市場を通さないで、地方市場のみで完結する流通を示している。

さて、右のように預けが行われることは、次の如く、為替手形が振出されることを可能とする。

「　覚

一銀拾五貫目也
右ハ組方冬納銀、大坂納入用御座候間、白山丸文次郎方へ御渡可被成候、返済之義ハ、当年惣目六(録)ニ
御立出可被成候、無間違御引合可致候、已上
酉　　益冨又左衛門
十一月六日
肥後屋喜一郎殿(40)　」

冬納銀の大坂蔵屋敷納めの分が為替手形で切られている。先例のように、預け＝売掛にしておいて、上方上納銀の時、船頭に渡すよう手形を切るのである。文言によると「返済之義」とあるので、肥後屋から借用しているようにみえるが、そうではなくて、一年間の合計＝惣目録に計上されて決済されるのである。むしろ、後にみるように、益冨家の方が肥後屋へ商品を預けている形態をとっている。

右のように、地方市場の中で完結的流通を行っていること、言い換えるならば、大坂市場に登されない商品流通が、さきにあげた諸藩との取引をも含めて、行われているのである。鯨油が筑前や肥後や下関市場で売り捌かれ、その代金で越後米その他が購入され、また球磨苧が求められているのである。

(Ⅱ)　肥後屋一件

さきに掲げた『算用帳』から引用した中に下関の取引先に肥後屋喜一郎という問屋があった。赤間ヶ関の天保九年戌四月『人別名前控帳　西南部町』によると

「肥後屋喜一郎
一男四人　女三人　下男六人　下女弐（ママ）
〆十五人[41]」

と見え、相当の世帯人数であり、問屋商経営も手広く行っていたであろうと考えられる。この喜一郎が死去したために、次の一件が生じた。少し長文であるが、取引内容が窺えるので引用しておきたい。

「　乍恐御歎申上候口上覚
一御当所肥後屋喜一郎義、平戸領生月問屋、先年相談ニ付、是迄数拾年問屋相頼、鯨組ゟ荷物等相預ケ取引仕罷有候処、同人義不斗も先達而病死致候段承知仕、依之早速喜右衛門罷越、預ケ召置候荷物相改候処、其儘蔵入有之、右之外年〻指引預ケ銀、去冬ゟ連〻積登荷物仕切銀預□（ケカ）差引等も有之、右ニ付而同家相続方之義相尋候処、以後之義一類中世話被致中野九兵衛殿御後見、諸事御引請可被申、則中野氏方江喜右衛門御相対被下、平戸国用大坂仕登セ銀大切之義故堅申極、其外荷物等支配方一件、委敷及相談候処、中野氏被申候者、肥後屋喜一郎跡目幼年ニ付、拙者後見ニ而万端引請支配致候ニ付而者、指引方其外諸事出入間違筋有之候節者、御同人相弁可被下段、依之我〻親方又左衛門方江借財相談有之銀三拾貫目、年賦払入ニ〆取替呉候様被相頼、既ニ私罷下り相談致呉候様九兵衛殿ゟ濃（ママ）と被相頼、又左衛門手代中始、御同人書翰も被相添罷下り生月方内談之上、庄右衛門同道ニ而早速罷登候処、喜右衛門生月表江罷下り候跡ニ而、別紙預ケ荷物書附前之品物及深更人不知様ニ抜し出し、言語同断之致方、謀計ヲ以喜右衛門相頼生月表江被指下候義、御後見中野九兵衛殿御指図ニて可有之哉、不都合至極奉存候、依之中野氏江及懸合候処、日田御領公銀借用仕居候義ニ付、右預ヶ荷物之義者不残売払借財返済致セ、右之成行ニ付生月方江猶又都合五拾貫目之辻借用致度、さも無之候而者喜一郎跡目難相立、是迄之借用銀払入之方便無之ニ付、此段生月方江又ミ相談申越呉候様被申聞、旁以不都合至極奉存候、右之次第ニて者又左衛門方江我ミ申訳相立不申、第一平戸国用納銀延引仕候而者、大坂蔵屋敷・江戸仕送銀手当違ニ相成、大切ニ指及候ニ付、先弐拾貫目調達致被呉候ハ、其余之義者如何様共、追而可及対談ニ、段ミ及懸合候へ共、一円承引無御座、誠ニ以難義至極奉存候故、平戸生月表江右之趣相懸合越候処、肥後屋喜一郎方之義者、数年之問屋之義是迄通之心付相続致セ居候跡之義ニ候得者何卒□（内カ）談程能相斗申度旨、又左衛門方ゟ申越候ニ付、様ミ手ヲ尽シ及相談候へ共、訳立候義一向無御座、左候而者御役方様御聞ニ達候義恐人候義ニ御座候得共、無是悲（非）御聞ニ達可奉懸御苦労外無御座、左候而者甚以恐入候義ニ候得共被致勘弁、銀調達被下候様再応申込候へ共、譬及公訴ニ候迚も、右之外方便無之ニ付、勝手ニ訴出候様被申聞ニ附、不得止事御歎申上候、右中野氏後見之義御座候へ者、素ゟ毛頭相違之義有之間敷と勘考仕候処、前文之通、喜右衛門帰国被仕セ、預ヶ置候荷物、夜中ニ抜シ出シ候義、旁以不都合之致方と奉存候、然ル処此儘ニ引取候様御座候而者又左衛門方へ我ミ申訳相立不申、身分是迄之義者甚以難義至極、我ミ滅亡仕候外者無御座、喜一郎跡之義何卒跡目相立候様内済仕度奉存候得共、中野氏被致方不都合至極奉存候、然レ共右躰之義、御役方様江御聞達之義、誠ニ以奉恐入候仕合ニ奉存候得共、右申上候通之次第ニて不得止事御歎申上候、喜一郎死後之義ニ御座候得者、指引残銀等之義者只今頓着不仕候へ共、品物等定而其儘脇方江相隠シ居可申間、御隣（憐）愍之上御役方様御指図ヲ以、右預ヶ召置候別紙書付前之品物相渡可申哉、其外趣意相立候様御指図被仰付置候ハ、我ゞ此度之難義相凌、御蔭ヲ以帰国仕度、重畳難有仕合奉存候、誠ニ以中野九兵衛殿御義、御当所重之御役も被蒙仰候御仁柄ニ御座候得者、右之趣書記御歎申上候義、奉対上江奉恐人候義ニ御座候得ハ、御同人之義者、問屋肥後屋喜一郎御後見之御仁ニ御座候得者、右一件ニ付而者、不顧恐、右之次第発端ゟ巨細ニ御歎申上候、左も無御座候而者乍恐御分り可被為兼奉存、長文ニ相成候へ共右御歎申上候、尤肥後屋喜一郎跡不埒筋之義、別段御町役様方江願指出申候間、御慈悲ヲ以何分宜敷御指図被為成下候様奉願候、以上

平戸領生月、益冨又左衛門代
山本喜右衛門
秋本庄右衛門

戌《八》七月

長州下関
御役人中様
伊藤杢之丞様（42）」

右の引用史料から次のことが分かる。

1　肥後屋喜一郎とは平戸領生月問屋として「是迄数拾年問屋相頼、鯨組ゞゟ荷物等相預ヶ取引」をしてきた間柄である。

2　肥後屋への取引残り高は三つある。第一は荷物＝現物預けの分。これは「荷物相改候処、其儘蔵入有之」分であって確認されている。第二は「年ゞ指引預ヶ銀」があり、その外に第三には「去冬ゟ連ゞ積登荷物仕切

銀預□（ケカ）差引」しなければならぬものがある。第一、第二は明確なる預け高の残であり、第三は去冬よりこの八月まで預けた分と、おそらく為替手形振出しその他の受取りが行われつつある収支分である。

3　喜一郎の跡目が幼年であるため後見として中野九兵衛が整理に当たり責任をもつことを明らかにし、さらに益冨家より銀三〇貫目を借用したい旨、申し出たので、畳屋の手代喜右衛門は一度相談のため生月に帰る。そのあとに預けていた荷物を「及深更、人不知様ニ抜し出し、言語同断之致方」をなした。その預け荷物による受取銀は「平戸国用大坂仕登せ銀」に当てられる大切なものであった。

4　しかし中野九兵衛の言い分は「日田御領公銀借用仕居候義ニ付、右預ヶ荷物之義者不残売払、借財返済」に当てたというのである。荷物を売払った理由に日田御料の公銀借用支払いに当てたと幕府の権威を借りて言い訳している。これは下関と日田との取引を示唆している。

以上、肥後屋一件を通じて種々のことがうかがえた。下関という上方との交易の拠点都市において鯨商品が換貨され、為替手形の振出しによって、船頭が貨幣を受取り、大坂蔵屋敷に送金しているのである。ここにもその特徴がみられるのは、江戸と上方との間には為替の流通が行われて、手形交換の如き決済がみられるが、この生月と下関においての場合は商品を預けることによって船頭に為替手形を振出している。それら預け荷と為替手形の収支決済は一ヵ年期末で行われる。前に引用した為替手形の文言に「返済の義ハ、当年惣目六（録）ニ御立出可被成候」とある如く、双方が収支目録を作成し、取引収支の差額を決済時に確認している。これが、上述の「積登荷物仕切銀預□（ケカ）差引」である。

『算用帳』から取り引き商品の内容、肥後屋一件から樹立されていた信用関係とその破綻、さらに各地から各種の商品が広く流通していることを知りうるが、中央市場を媒介しないものも多い。広島苧や球摩苧、また越後米は肥後屋・細屋から購入しているが、下関の問屋がこの米をどこから移入したか明らかでないにしても、北前船の入港が頻繁に行われていた下関港であってみれば、恐らく中央市場からのみではなく、北陸からの購入ルートも多かったと考えられる。中央市場を媒介せず、幕末、各地方に形成されてくる地方市場の間、あるいは地方市場の内部で、生産と流通、さらに消費が行われる商品が、質量ともに増大していたことは指摘してよかろう。

むすび

鯨油が御用備油として筑前・肥後両藩へ納入販売される過程を価格形成の点を中心にみてきたことと、下関問屋との取引において信用関係の樹立があり、それが破綻したところから下関問屋の重要性をみた。これら二つの販売ルートのうち、前者は益冨家経営の売上高ではさして多い比重は占めていないで、後者の諸方問屋売りや浜売りが経営にとって重い比重を示している。つまり、鯨油を中心とした捕鯨加工商品生産のほとんどは、一般市場への指向を示していることが、端的にこの経営の性格を示唆していると共に、近世後期の市場構造の特質を表している。

西廻海路の重要拠点の一つであった下関は、大坂との対抗関係の意味を持ち始める。中央市場と地方市場の対立、ひいては中央市場を幕府が、下関を中心とする地方市場を西南諸藩が握るという幕藩権力の対抗としてとらえられている。それはむしろ、領主的商品流通の内部的対抗でありながらも、中央市場とは異なった意味をもつ地方市場の把握であり、地方各地で生産される商品の確実な掌握はその力において強力なものであったにちがいない。だがさらに、薩長対抗の時に、両藩の交易がとだえ、抜け売りが取締られているが、そのように領主的商品流通のみではなく、その他一般の商品流通が、地方市場間・地方市場内で、中央市場へ登せないまま完結的流通を行っていることは、幕末経済段階で重要な意味をもつものと考えられる[43]。

もちろん、中央市場と、あるいは中央市場の相場と無関係に地方市場は存立することはできない。それにもかかわらず、例えば上述の如く、大坂より長崎の方が高値とならば、商品の流通方向はそちらへ傾斜する。かくて地方市場の意味は、商品流通方向の流動する中で、各地方市場を基盤として中央市場と結びつき、各市場間の価格差を均一化する傾向を示し、全国的市場形成への足がかりを固めつつあったと考えられるのである。鯨油という西国一帯の農業必需品の価格形成を通じてみてきた限りでも、単なる価格差利潤に立脚するのみではなく、上下に振幅しながらも、一つの水準を示してきているところに端的に表現されている。

註

（1）　この点についていては多くの労作があるが、最近では古島敏雄「商品流通の発展と領主経済」（岩波講座『日本歴史』12、一九六四年）、松本四郎「商品流通の発展と流通機構の再編成（『日本経済史大系』4、一九六五年）その他。

（2）　文政九戌十一月『諸方案紙帳』益冨家文書 No.913（以下同家文書はその益冨家文書を省略。番号は一連整理番号である。本稿では福岡大学研究推進部所蔵マイクロフィルムを使用）。

（3）　右同帳　No.913（42枚目）（この枚数は写真の枚数）。

（4）　右同帳　No.913（44枚目）。

（5）　右同帳　No.913（57～59枚目）。

（6）右同帳　No.913（61～62枚目）。
（7）右同帳　No.913（64～65枚目）。
（8）右同帳　No.913（76～78枚目）。
（9）右同帳　No.913（85～90枚目）。
（10）右同帳　No.913（93枚目）。
（11）右同帳　No.913（94枚目）。
（12）右同帳　No.913（95～96枚目）。
（13）右同。
（14）右同帳　No.913（126枚目）。
（15）右同帳　No.913（127枚目）。
（16）天保十三寅正月『案紙帳』No.417（25～26枚目）。
（17）右同帳　No.417（48～49枚目）。
（18）天保四巳初春写『上ミ方・江戸・長崎御立入町人由来書全』三九頁。
（19）文化九年申五月「乍恐奉願上口上之覚」No.1229。
（20）天保十五辰年正月『田方備油注文帳　筑州郡役所』No.1424。
（21）前掲『案紙帳』No.417（9～11枚目）。
（22）右同帳　No.417（25～29枚目）。
（23）右同帳　No.417（29枚目）。
（24）右同帳　No.417（97枚目）。
（25）右同帳　No.417（81～82枚目）。
（26）嘉永三庚戌歳二月吉日『筑前御用油仕出帳』No.237（2～3枚目）。

(27) 右同。
(28) 右同帳　No.237（8枚目）。
(29) 右同帳　No.237（14枚目）。
(30) 右同帳　No.237（16枚目）。
(31) 右同帳　No.237（31～32枚目）。
(32) 右同帳　No.237（39枚目）。
(33) 本書第三章および第五章。
(34) 筑前国宗像郡陵厳寺村の天保十年六月『御備鯨油割渡帳』松崎武俊氏所蔵。
(35) 右同、天保十亥年『御備鯨油代取立帳』右同氏所蔵。
(36) 寛政十年午十月『肥後御用油願書並御進物扣』No.245（3～4枚目）。
(37) 右同帳　No.245（5枚目）。
(38) 右同帳　No.245（7枚目）。
(39) 文化十癸酉年七月吉祥日『算用帳』No.601。
(40) 文化六己巳年八日吉祥日『為替手形帖』No.820。
(41) 天保九年戌四月『人別名前控帳　西南部町』（下関郷土資料一『天保九年赤間関人別帳』五四頁）。
(42) 戌七《八》月「乍恐御歎申上候口上覚」No.248。
(43) 特に下関市場についての論考は多い。関順也『藩政改革と明治維新――藩体制の危機と農民文化――』有斐閣一九五六年、同「近世港町の発展と転換過程」（山口大学『東亜経済研究』三六巻三号、一九六二年）、田中彰『明治維新政治史研究』青木書店、一九六三年、同「幕末薩長交易の研究」（一）（二）（『史学雑誌』六九編三号・四号、一九六〇年）、小林茂「近世下関の発達とその歴史的意義」（『下関商経論集』六巻二号、一九六二年）、同「幕末長州藩の商品市場問題――下関を中心として――」（下関郷土会刊『郷土』第六集、一九六三年）、同「志士と豪農商

――幕末下関を中心として――」（『郷土』第七集、一九六四年）、その他。

第五章　幕末西海捕鯨業の資金構成

はじめに

近世で極めて大きな経営を示した捕鯨業は、九州地方にも広く展開した。この西海地域にみられる諸経営の中でも、殊にその名を留めている平戸領生月島の益冨家の経営について、分析を進めてきたが、その尨大な経営と複雑な諸関係は一朝にして判明するものではない。そこで、同家の経営を今後考察するについて、その一角である資金の面に問題を限定して、みておくのが本章の目的である。

近世大名領国制の下にあって、捕鯨という大経営を行うには、言うまでもなく多額の資金を要した。それは個別的経営がもつ資金では当然不足する。そのためには多くの資金調達の必要があった。

さらに捕鯨を行うためには、領主に浦請《うらうけ》をなし、組株をもっていなければならない。これをもつことにより、はじめて独占的な経営たりうるのである。しかし、その反対給付として、浦請銀・運上銀・組揚上納その他の上納が行われる[1]。これらから藩との結合が生じてくる。

また一方、鯨油は、蝗害に対する農薬として近世後期の各藩の農政において必需品的需要があった。そのため諸藩との関係も生じてくる。生産に対して市場は相当に広汎であったと考えられる。

かくて尨大な資金が冬季の捕鯨期とその準備（前細工）期間に一領国を越えて流動すると共に、生産された商品もまた、領国を越えて各地へ搬送されるにいたる。

では、このような経営において、いかに資金が調達されたか、その全体を見通す一つの手だてとして、ここで採りあげる史料「諸方借銀寄帳[2]」についてみてみたい。

これは無表紙の書冊形態の史料で、一八六枚にわたって記述が行われている。仮題として「諸方借銀寄帳」と呼んだのは、四七丁表に「諸方借銀寄」という見出しが付いていることと、内容がその名称に相応しいと考えるからである。

四七丁表の見出しより前に、表二にみられる平戸藩関係からの借用があり、四七丁以後に諸個人および平戸藩以外の藩関係のものが綴られている。その記入の仕方、綴られ方からみると、最初から一八六枚が綴られていたのではなく、随時追加されたものと考えられ、年代が必ずしも順序を追っていないのも、以上から肯ける。中には貼紙が相当数行われているのと、証文の写しや諸覚の類が二つ折の綴紙の中に挿入されている。

次に内容であるが、この史料が必ずしも全ての資金調達関係を計上しているのではないということである。

例えば「安政五午十一月　巳冬益冨組銀指引帳」に次のことが見える。

「八月八日

銀四拾貫目　　　御蔵方ゟ
　但三井江払入々用、からし代之内ゟ借入　」

これは表三（五二）にみえる大坂三井八郎右衛門から（安政三年）辰九月に銀四〇貫目を借用した事実と対応する。しかし表二の平戸藩関係の借用事項の中には、計上されていない。明らかに、三井への借銀返済が平戸藩御蔵方からの融通を受けて行われているのに、「諸方借銀寄帳」の平戸藩関係の項目に計上されていない。

また前掲「益冨組銀指引帳」に次の記述がみえる。

「　新口借入并再借之口ゝ
　　巳秋借入之分
一銀百六拾貫目　　　　　　（炭屋彦五郎
　　　　　　　　　　　　　（嶋屋市郎兵衛
　此内百弐拾貫目　再借
　同　四拾貫目　　新口
一銀弐拾貫目　　　新口　　（炭屋勘助
　　　　　　　　　　　　　（嶋屋専助
一銀百貫目　　　　新口　　（炭屋彦五郎
　　　　　　　　　　　　　（嶋屋市郎兵衛

一銀拾五貫目　新口　備前屋徳兵衛
一銀三拾貫目　新口　小西左兵衛
一銀三拾貫目　新口　平野屋五兵衛
一銀四拾貫目　　　　近江屋猶之助
　　但去秋六拾貫目借入之内廿貫目相減、当冬
　　右尺借入
一銀弐拾貫目　新口　坂上閑三郎
〆　」

この中で炭屋彦五郎・嶋屋市郎兵衛から銀一六〇貫目を借用、その内の一二〇貫目は巳秋に再借され、四〇貫目は新口として借用、計上されている。この一二〇貫目を借りたことが表三の（五〇）に出ている。「安政三辰八月ゟ」に「幾左衛門殿目録前、利払ニ而年〻再借」とあることから、安政三年にはすでに再借の計上、つまり、それ以前に借用されたものが、再借で「寄帳」には計上が行われていることを知る。しかし炭屋・嶋屋の残り四〇貫目の新口およびその他の新口借用は「寄帳」にみられない。さらに近江屋猶之助の銀四〇貫目は表四の巳秋にはみられず、嘉永寅《(安政元年)》閏七月（二九）に一ヵ月八朱半の利率で銀六〇貫目借用として計上されているのみである。表三にある如く利子が閏七月より辰八月まで支払われているのであるが、巳秋に六〇貫目の内、四〇貫目のみ再借されている。ただ、その内容は明らかでないし、嘉永寅年（二九）の時が新規借用か再借かも明示がない。

また秀村選三氏の論攷(3)に引用作表されている「安政二年惣組損銀寄」の中で、「御城方ゟ拝借」の二三貫八〇〇目は、表二（七）にみられる金三五〇両（一両を六八匁替で換算）として計上され、これも再借としてあるためのものと考えられる。だがこれ以外のものはほとんど表二、表三（「寄帳」）にはみられない。

以上から言えることは、この史料は経営に必要な調達資金全部を計上したものではないということ、さらにその主たる計上は再借分であるということになる。

このような性格をもった史料であることを指摘しておき、細部にわたっての内容は、次節以下の個々の事項を取扱う中で明らかにしてゆくことにしよう。

一　平戸藩諸役所からの融資

平戸藩からの借用は、「寄帳」にみられる天保以前から、すでに行われていた。

「　　奉願口上覚

一当冬組方納銀操（繰）合行届兼、難義千万奉存候、依之恐多奉存候得共、此節銀百貫目、於大坂表ニ御蔵屋舗より当時御中借被下置候ハヽ、当冬納銀之内ニ直ニ相納、無滞皆納仕度奉願候、返納之儀者、来亥ノ閏正月迄之内、元利聊無間違返納可仕候、近年打続組方不漁ニ付何分御定日限銀操行届兼指詰リ難渋仕罷有候ニ付、不得止事乍恐奉願上候、此節之儀ニ御座候間御中借被下置候ハヽ、難有仕合奉存候、纔~~四五ヶ~~三ヶ月

之儀ニ御座候得者何卒願之通被仰付被下置候様重畳奉願上候、此段宜敷被仰達可被下奉願上候　已上

（享和二年）
戌九月二日

益冨又左衛門
判

日高治左衛門様
野元弁左衛門様
橋元甚五平様(4)」

すでに享和期、大坂蔵屋舗からの短期借用である。次に「寄帳」によって、表二についてみよう。これは天保十一年より安政六年までの二〇年間、借用先の役所別・年代順にみたものである。常平所・御銀方役所・御城方・長崎屋敷の四つがみえる。常平所というのは表二（六）に見えるように御囲銀をもっており、またこの役職につくと合力として米三俵を与えられているから(5)、藩の備荒貯蓄関係のための役所でもあろうか。

さて借銀の手続きであるが、表二（一）は土蔵入用の分を廻して貸付けられており、佐世保の新田が引き当てられている。この新田は、のち万延元年には差上げられ、代りに米五〇俵が年々与えられることになっている。（二）は川崎屋の取継による借銀であり、（五）は長家作事銀であり、（八）（九）は家屋敷・新田が引き当てられている。さらに（一三）の如く長崎の豪商高見・永見両家よりの借用銀を永見家が一度引請け、さらにそれが「上江献金」され、長崎屋敷が貸付けた形をとっているように藩が仲介に立っている例もみられる。また（六）（七）（一〇）のように、元利支払の期限がきても返納せず、再借の形で延期されるか、一度返納して直ちに借用する方法もみられる。（三）（四）の例では御銀方への利息支払は常平所からの借用銀によって行わ

れている。益冨家によって同じ平戸藩の諸役所間で、資金の融通が行われているのである。利息は月一歩または年一割であるが、(二)のように無利息もあり、(六)のように利銀の一部を用捨したのもある。以上が、平戸藩の諸役所からの借用である。

二　諸商人その他からの融資

「寄帳」の四七丁表以降が、平戸藩関係以外の記述となる。時代は弘化四年から万延元年までであり、それを年代順にして作ったのが表三である。これから導かれる諸事実を次に述べよう。

(1)「崎方旦那様御口入」れによって借用、だがこれは「売場へ請無之、旦那様御手許ニ而別帳を以御請払之筈」(六)とあり、また「崎方旦那様御世話ニ而、七種笹右衛門殿口入借用証文、崎方様御新田引当テ」(一〇九)等と見える。この「崎方様」または「崎方旦那様」とは紙綴の間に挿入されている覚・手形・証文等によると山　三郎太夫様・御役人様・山　旦那様・山県三郎太夫等として現れるのであって佐世保の新田の関係者と考えられる。そのため、借用の口入をしたり、新田を借用銀の引当てにする時に、よくみられるのである。益冨家はもともと山県姓であるから、一族であろうか。借用証文の一例を次に掲げておこう。

「　　借用申金子之事

一金五拾両也　　但壱両　六拾八匁替

右者拙者長崎詰方入用金返弁ニ付、御中借及御願借用慥ニ請取申候、返弁之儀者来ル七〔九〕月限、一ヶ月壱歩三之利足ヲ加、元利無相違返済可申候、万一限月及遅滞候ハヽ、江上村江所持之池嶋・長浦新田弐ケ所、山林之内ニ而銀高相当、御勝手方次第御引取、御売払御請取被下候様御願申候、為後日仍而如件

安政五午三月　　　　　　山県三郎大夫

多々良与平殿

御口入[6]」

これは表三の（九一）の借用と関連するものである。このように新田または山県氏とは、明らかに別勘定であり、鯨組の「売場」あるいは「納屋」とは別勘定の貸借が行われているのである。また右の史料に「長崎詰方」とあるが、「崎方様」と関連があるのではなかろうか。山県三郎大夫は長崎の聞役だからである。[7]

(2)「目録」または「目六」という文言が多くみられる。これは勘定別を示していると考えられる。「前目組目録」（二四）、「幾左衛門殿目録前」（（五〇）（五六）その他）「同所（勝本組）勘定目六」（六〇）、「板部組目録前」（九三）（九八）（九九）、「御崎組目録前」（一三四）と見られるように、組別の目録があり、幾左衛門の目録がある。これらから借用銀は諸組別に勘定が立てられていると考えられ、それ故に他方「惣目録」（（一一七）その他）がみえるのも当然であろう。

(3)　借用銀が、前述のように、平戸諸役所によって融通されていたのと同様に、ここでも、商人への借用の返済または利銀支払いに、他の商人から借用している例をみる。

「長崎永見返金用借用」(〔一一〕その他)は長崎の商人永見へ返金するため、納屋平左衛門から借用したものであるし、「御城方利金払方用」(〔一〇二〕)は、平戸藩御城方より借用した利金を支払うために七種笹右衛門から借用したこと、つまり役所からの借用返済のために、商人から借りている例である。このような、借用銀返済のために、他より融通をうけている例を多くみる。

(4)　前述のように「寄帳」の性格は、再借の例を多く示しているが、ここでも同じである。その再借も「前年仕込銀借用の処、先納銀ニ而払入、猶又再借」(〔一三〕)のように一度払込んで直ちに再借の場合もあるし、「利銀、元銀ニ結、再借」(〔二八〕)の如く、元利合計高として、支払い期日がくると再借の形をとって延期している例もある。

(5)　口入利息の支払。元銀は嘉永元申十一月に借用したのを「村山取替」になり、その代りに、口入した村山には月一歩の銀立以外に三朱の「口入利」がつけられている(〔三九〕)。

(6)　(〔一八〕)〜(〔二二〕)、(〔三三〕)〜(〔三七〕)その他にみられる「道具代指引過上ニ而預リ」というものが、かなり多い。挿入史料で一例をうかがうと次の如くである。

「
覚
一銀弐貫弐百拾六匁七分五厘
右者午春、小納屋道具代、差引過上高四貫四百三拾三匁五分之内、来ル九月々末相渡可申候
右之通、皆済此手形引替、無相違相渡可申候　以上
午六月廿四日
畳　屋
売　場
山口屋
久右衛門殿
（〔九〇〕と関連）」

この道具代は、いかにして差引過上なのか「寄帳」では明らかでないが、預りもやはり借用の如く手形を渡して、返済支払期限を切って計上されている。

むすび

以上「諸方借銀寄帳」を中心に捕鯨業経営資金の一部、借用銀の内容についてみてきた。この史料「寄帳」の性格から、各年毎の借用額の合計は、経営の推移を必ずしも示唆しない。しかし、再借を中心とする返済期

日の実質的延期、返済のための借用等が、総体として嘉永より安政期にかけて増加しているのは何故であろうか。

そこで幕末の漁獲数を表四で辿ってみよう。これによると弘化二年末から三年春にかけての捕鯨季節には一三三本の取高を示しているのに比べて、その翌シーズンでは約半数の六九本に激減している。さらに嘉永五年冬から六年春には二六本に半減して、それ以後は六〇本を越えることはなかった。このような漁獲数の激減は、経営にもひびいてくるのは当然であって、上述の如き借用銀の傾向を辿るのは首肯しえよう。

このことは、漁業という経営の性格とも、密接に結びつくものであった。例えば安政三年辰春「惣組利損勘定目録」を見よう（表二）。

この表ではこの年の御崎組（冬組と春組）・前目組（冬組と春組）・板部組（春組のみ）の経営収支計算が行われている。この計上の仕方に特徴があるのは、まず前細工仕込その他の準備工程の支出が、収入より先行していることである。組の規模、漁獲予想高に対して、準備の資金は否応なく投下されねばならないのに比して、漁獲高がそれに対応しなければ、損銀の出るは必定である。ここに漁業経営の不安定性、投機的性格が伴うのである。鯨油という市場性の高い商品生産でありながら幕末の捕鯨業経営は何処も苦境に立たざるをえなかったのである。

さらに、この史料からうかがえることは、浜売りと問屋送込みの二つの販売が行われているが、両者の販売割合は明らかでないということである。それにしても、各組の鯨身類の仕切銀高が鯨一本平均、どのくらいの銀高を占めるかをみると、御崎・板部の両組が八～九貫目の程度であるのに比べて、前目組は一九貫目近くをみせている。浜売りするか、遠方の問屋へ販売するかでも、相当の隔りが生じるのであろうが、これは次の油

表一

安政3 辰 春 惣組利損勘定目録

御　崎　組			
銀　252貫348匁7			前細工仕込組内雑用銀〆高
	内	56貫106匁73	鯨身類粕浜売銀，諸方問屋送込仕切銀〆高
		5貫693匁8	筋干上137斤2合　41匁5替
		1貫235匁76	髭代〆高
		7貫360目	油61挺
		内	40挺　100目替　御国御用納
			21挺　160目替　肥後納前細工焼共ニ
		〆70貫396匁29	
		但魚数7本	内2本子
			冬春漁事高　1本ニ付　10貫030目余廻リ
	残而	181貫952匁41	損銀
前　目　組			
銀　379貫385匁16			御運上，前細工，仕込銀組内雑用〆高
	内	264貫832匁47	鯨身類皮物粕浜売，諸方問屋送込仕切銀鯨道具代同附銀共ニ〆高
		44貫693匁54	髭代〆高
		21貫791匁11	筋干上 537斤4合4勺
		65貫400目	油 110挺　100目替　御国御用納
			340挺　160目替　肥後・筑前納油代幷前細工焼代共ニ
			〆 450挺
		〆　396貫717匁12	
		但	魚数14本　内1本子
			冬春魚事高　1本ニ付　28貫300目余廻り
	残而	17貫331匁96	利銀
板　部　組			
銀　170貫631匁74			前細工仕込銀組内雑用〆高
	内	98貫623匁12	鯨身類皮粕浜売，諸方問屋送込仕切銀鯨道具代共ニ〆高
		1貫600目	油10挺　160目替
			尤詰出高41挺之内，御運上油，土産油31丁払残リ右高
		3貫384匁12	髭代〆高
		〆　103貫607匁24	
		但	魚数11本　内2本子
			春組漁事高　1本ニ付　9貫400目廻リ
	残而	67貫024匁5	損銀
	損銀	〆248貫976匁91	
	内	17貫331匁96	前目組利銀
	残而	231貫644匁95	全損銀高
	外ニ	50貫500目	御崎組御運上
		10貫000目	大嶋泊沖御運上
		20貫000目	手船9艘諸雑用凡〆高
	合	312貫144匁95	
右之通御座候		以上	
	5　月		益冨又左衛門

においても同様である。御国（平戸）御用納は一挺が一〇〇目替であるに比し、肥後・筑前納は一六〇目で行われている。このような価格の差がある場合には、言うまでもなく、前目組の如く、肥後・筑前の方へ多く納入した組が収入の増加となるのは当然であろう。そのような内部処理で販売価格、さらに収入が増減する点、これらの経営分析を行う上で注意を払わねばならない重要点となるのである。それ故、鯨一本の平均価格が、御崎組で銀一〇貫〇三〇目余、前目組で二八貫三〇〇目余、板部組で九貫四〇〇目余と、余りにも格差の大きい価格が計上されることに、この時代の経営の特質、商品流通の複雑な実態を知らねばなるまい。

最後に、これらの諸表からみられる如く、利子率がそれほど高くないことである。平戸藩がそのような保護を与えることは肯けるが、例えば、筑前国からの借用の場合も無利の時期が相当にあるし[8]、大坂の十人両替に名を連ねる諸商人からも同様の率で借用できたのは、やはり鯨油・鯨肉その他の特産品的性格に基づく、商品の回着確保の意味をもっていたのではあるまいか[9]。これも今後の販売帳簿の分析によって明らかにしなければならない点である。

表二　平戸藩関係借用

借用先	期日	借用高	利率	利息	借用内容その他
(一)常平所ゟ	天保一一子 一一月二六日改	銀六貫一〇〇目			御土蔵御入用銀拝借相成候分、丑組揚迄返納、万延元申一一月、佐世保新田永代常平所江指上ニ相成、右代リ永代年〻米五〇俵宛被仰付候様相成、拝借高不残右新田ニテ文□被仰付（中略）右ニ付拝借高不残消
(二)(御城方カ)	弘化元（二年カ）巳 八月一三日	金五〇〇両 （銀六七匁替）		丑正月晦日迄 三〇両	□拝借川崎屋取継ニて請取、元利五三〇両午正月晦日迄両度皆納（下略）
(三)御銀方御役所ゟ	嘉永二酉 五月二〇日	銀一三貫目 （金二〇〇両ニテ六五替）	年一割	酉五月ゟ一二月迄八ヶ月此利二貫二〇〇目 戌年一ヶ年常平所拝借四〇〇両ゟ此利三貫三〇〇目 亥年一ヶ年此利三貫三〇〇目 子年一ヶ年此利三貫三〇〇目	来ル亥年迄三ヶ年御預金御勘定所ゟ被仰付預リ、毎年一二月二〇日限相納極、皆納間違節ハ左セ保新田銀高当候尺（下略）
(四)〃〃	〃五月二二日	丁銀二〇貫目			右同断御預銀口伝前ニ断、亥年迄、酉夏納銀平戸納直為替証文右同断

(五)常平所ゟ	〃(三年)戊正月 〃三月二一日	金五〇両 金五〇両			使者家裏長家作事銀常平所ゟ拝借之処、元利之内返納銀ヲ二貫〇一五匁、川藤取込ニ相成ル、御役所へハ、右相納同人方ニ入（下略）
(六)常平所御囲銀	嘉永四亥一〇月再借	銀八〇貫四〇〇目(但金一、二〇〇両ニテ六七替)	一歩利付	銀七貫二三六匁(但金一〇八両ニテ)亥一〇月ゟ子五月迄閏月共ニ九ヶ月	右者申二月拝借金返納用幷戊極月当用四〇〇両拝借、元利返納用崎方様御世話を以、来子四月限、拝借子六月ゟ寅六月迄二五ヶ月、一歩利息二〇貫一〇〇目、元利合一〇〇貫五〇〇目、内八〇四匁御役所ニ而利銀御用捨、正九九貫六九六匁御書付前ニて拝借ニ相成ル
(七)御城方再借	安政卯(二年)六月二四日再借 〃卯極月	金三五〇両 金二〇〇両		銀二二一匁六八	常平所ゟ見セ金拝借、二口共辰六月相納
(八)常平所	安政三辰九月一八日改	銀一二〇貫目(但金一、五〇〇両ニて六八替)	月一歩利付巳五月限リ		右者組方仕込銀再借二、〇〇〇両預済申内一、五〇〇両　引当家屋敷、新田ともニ
(九)〃	安政三辰一〇月一五日	銀三四貫目(但金五〇〇両ニて)			家屋敷書入有

借用先	期日	借用高	利率	利息	借用内容その他
(一〇)御城方元方ゟ再借	〃四巳六月晦日再借七月ゟ	金六二〇両(但四二貫一六〇目)	月一歩	巳八月ゟ六月迄此利四貫六三七匁六 午七月ゟ未六月迄一二月此利五貫〇五九匁二	右者去辰七月・一二月拝借口一先ツ巳六月返納直ニ再借
(一一)御銀方	〃巳七月二日	金五〇両	無利足		御城方拝借返金之内不足分当時から笹右衛門殿世話
(一二)御城方	〃四巳一一月二一日改	米五〇〇俵、代銀一二貫六二五匁、二五匁二五替			但当春御崎組へ拝借候処代銀出来不申、於平戸近藤平六、金子中借致春分代納
(一三)長崎御屋敷	安政四丁巳一一月改	銀二三〇貫目		利米年々六〇〇俵	右者元、長崎永見・高見ゟ借用銀ヲ永見方へ引請、此度畳屋左助罷下リ御屋敷御熟談之上永見ゟ上江献金ニ相成、御屋敷ゟ此方へ拝借ニ相成、当巳冬ゟ年々利米六〇〇俵宛長崎御屋敷江相納候事、右米代白石願向松鮪網代運上銀を以米買入積相納可申事
(一四)常平所ゟ	安政五午一二月	金二〇〇両(但銀一三貫六〇八匁六八替)			御崎・勝本組扶持用、近藤平六罷越拝借、返納之儀ハ組中漁事次第上納、万一間違候節ハ御宛行幷御役所へ指出有之新田御引上ケ

(一五) 御城方	未（安政六年）六月拝借	銀五貫〇五九匁二	一歩利		元金六二〇両午七月ゟ未六月迄一二ヶ月、一歩利　右者御城方利銀高直納ニ〆拝借

表三　諸商人その他からの借用

銀主	期日	借用高	利率	利息	借用内容その他
(一) 山崎忠左衛門	弘化未（四）年改	銀三三貫目	月一歩三利付		御崎組揚銀并平戸納銀未四月四日、九月、一〇月迄三度借用〆高
(二) 多々良与平様	弘化五申年	金四四両九合六勺五才			元一五〇両、元利指引残金指上前之積り
(三) 壱州 絣（ママ）屋仙三郎	嘉永元申 五月二二日	銀三三貫目（金五〇〇両ニ而六六替）	年ニ一割一歩利	申五月ゟ辰六月迄〆高 金一一九両一合五勺六才 銀二二貫〇八二匁四七	組揚平戸納銀当テ、勢右衛門口入ニ而借用
(四) 山崎忠左衛門	嘉永三戌 五月一四日	銀一三貫二〇〇目（金二〇〇両ニ而）	月一歩三利付	戌正月ゟ亥一〇月迄　一八ヶ月 銀三貫〇八八匁	

銀主	期日	借用高	利率	利息	借用内容その他
(五)大坂 川嶋屋仁兵衛	嘉永戌極月	銀一五貫目	一ヶ月一歩利付	戌極月ゟ巳一〇月迄 八六ヶ月 銀一二貫九〇〇目	冬納、広福丸之借用
(六)山崎忠左衛門ゟ	嘉永四亥五月	金二、〇〇〇両 六六替			崎方旦那様御口入ニ而連〻右高借用、此金売場へ請無之、旦那様御手許ニ而別帳を以御請払之筈
(七)長崎 吉川駿蔵殿口入	〃 〃	正銀二〇貫目	月九朱利足		来子五月限、永見屋払入用借用
(八)飛鷁丸忠次郎	嘉永亥 五月一〇日	銀三貫五〇〇目	一歩二利付	丑一一月払入 二〇〇目 金三両ニ而	内海手附銀、平戸願方用借入
(九)壱州 絣(ママ)屋仙三郎	嘉永子(五年)三月ゟ 利付	銀一〇貫〇五〇目(金一五〇両ニ而 六七替)	月ニ九朱 一六年ニ一割一歩利	子三月ゟ辰六月迄五三ヶ月分 金三五両七合四勺七才 銀二貫五四一匁相渡	元、弘化二巳三月、八〇〇両仲借、勢右衛門口入金之内、追〻元利払入残一五〇両、残銀ニ而借用
(一〇)中西屋元助	嘉永子四月	銀一六貫五〇〇目	一ヶ月一歩利付		白山丸音次郎立借用、此元利三井江古金預ヶ居候処自分売払算用目録前相払、万延元申五月返弁済
(一一)納屋平左衛門	嘉永四子(五年)四月	金六〇〇両	月一歩三利付		長崎永見返金用借用、証文売場名前、請人川崎屋、旦那様奥印、丑正月一三日川崎屋江利送込、同所取込ニ相成ル

(一二) 肥後相良 益田郡兵衛	嘉永子（五年）秋	七〇文銭八貫七四一匁三七			元七〇文銭一四貫目　苧代高元利之内一〇〇両、両度ニ相渡残リ
(一三) 壱州小納屋徳蔵 伊八郎、原四郎 庄平、為吉	嘉永子夏秋	銀一〇〇貫目	無利付		前年仕込銀借用之処、先納銀ニ而払入、猶又再借
(一四) 地方 神戸甚八郎殿 口入	嘉永六丑正月改	金四五〇両 元六六金	一歩半利付		元、天保午（五年）一一月二一日三〇〇両借用、以後利付、返済収支残リ高
(一五) 山崎茂一郎	嘉永六丑六月	銀三貫三五〇目（五〇両ニテ）	一歩半利付	丑一一月ゟ辰六月迄　三三ヶ月渡前　利一貫六五八匁二五	
(一六) 兵庫 住屋吉右衛門	嘉永丑九月 二二日改	銀二〇貫目	月一歩利	丑九月ゟ卯八月迄二五ヶ月　五貫一〇一匁四四	畳屋長蔵殿、白山丸音次郎登候節算用帳前預リ
(一七) 長崎 伊藤口入	嘉永六丑 九月二六日改	金一五〇両（平戸相場　六七替）			長崎ニ而崎方旦那様御世話口高四〇〇両、右之内二五〇両崎方御入用ニ而永見へ御払入之由、残一五〇両　丑九月多々良与平様長崎ゟ御持登、以後諸収支高
(一八) 壱州 吉田文吉	嘉永丑冬寅春	銀一七貫一九二匁二八			前目・津吉道具代指引過上ニ而預リ

銀主	期日	借用高	利率	利息	借用内容その他
(一九)原田徳蔵	嘉永寅春	銀一五貫六〇八匁七四			板部組道具代指引過上ニ而預リ
(二〇)布屋原四郎	嘉永寅春	銀一〇貫五二〇目九八			右同断ニ而預リ
(二一)才藤伊八郎	嘉永寅春	銀一二貫九八五匁九六			右同断預リ之内、塩六五俵代板部引合残ニ而預リ
(二二)下条庄平	嘉永寅春	銀一一貫三八〇目七八			右同断預リ
(二三)伊万里西金太郎	安政元寅六月	金二〇〇両	月一歩二利付		組方仕込銀夘四月限、力蔵取次ニ而借用
(二四)原田徳蔵	嘉永寅七月借用之口	銀五貫一〇〇目(金七五両ニ而)	月一歩二利		高一五〇両借用之内七五両辰五月六日前目組目録ニ而返弁残借用
(二五)大和屋甚兵衛	嘉永七寅七月	銀三〇貫	月八朱利付	寅七月ゟ辰七月二六ヶ月 銀六貫二四〇目利払	組方仕込銀入用、大坂御屋敷御口入、幾左衛門借用
(二六)石勘口入荒物屋	嘉永寅七月	金三〇〇両	月一歩利付		此金以前米太ゟ借用二〇貫目振替代リ、金ニ而借用
(二七)備前屋徳兵衛	嘉永寅閏七月	銀六五貫目	月八朱利	閏七月ゟ夘八月迄一四ヶ月七貫二八〇目払入	

(二八) 明石屋庄右衛門	嘉永寅閏七月	銀二六貫目	月八朱利付	閏七月ゟ一一月迄五ヶ月利一貫〇四〇目	但此利銀、元銀ニ結、再借
(二九) 近江屋猶之助	嘉永寅閏七月	銀六〇貫目	一ヶ月八朱半利	寅閏七月ゟ辰八月迄　二七ヶ月一三貫七七〇目利上納	
(三〇) 大坂 樽屋五兵衛 岩間屋兵右衛門	嘉永寅八月	金二〇〇両	一歩利付		
(三一) 大和屋善助	嘉永寅八月	銀三〇貫目	月八朱利付		
(三二) 住屋久吉	嘉永寅一二月一三日改	銀五貫九二三匁 銀一貫一四〇目 〆七貫〇六三匁			指引尻ニテ預リ 荒忠ゟ借用、元利二一貫目之内二〇貫目払入、残ニ而住久目録前借用
(三三) 布屋原四郎	安政夘春(二年)	銀二二貫九一〇匁三八			勝本組道具代指引過上ニ而預り、未春内一〇八匁五三鯨代勝本書出前かし
(三四) 才藤伊八郎	安政夘春	銀一一貫二三九匁			右同所右同断預り
(三五) 原田徳蔵	安政夘春	銀一〇貫三〇六匁七			右同所同断預り

銀主	期日	借用高	利率	利息	借用内容その他
(三六) 吉田又（文カ）吉	安政卯春	銀二貫八六〇匁一一			右同所同断預り
(三七) 竹屋幾太郎	安政卯春	銀七貫二五一匁四五			右同所同断預り
(三八) 平戸 庄野屋亀吉	安政二卯 七月五日改	金八〇両	月一歩半利付		納屋平左衛門方江返金用、当六月相談之分辰正月限借用
(三九) 早岐 村山（住吉屋）儀右衛門	安政二卯七月改	金一、二〇〇両	月一歩銀立 外ニ三朱、村山口入利		元、嘉永元申一一月借用之口、是迄利払之口右之内三〇両無利足村山取替、三〇両子七月ゟ利付ニ〆同人取替、元金算用之節引合之極、年〻利銀相畳、元金ニ相成借用、来辰正月限
		金三〇〇両	月一歩		
		金一〇七両三合二匁二才	無利足		三朱利金分預り
(四〇) 兵庫 住屋吉右衛門 徳兵衛	安政二卯八月	銀三貫五〇〇目	月一歩利付	卯八月ゟ巳九月迄二七ヶ月九四五匁利	双海鯨船代入用、幾左衛門殿借入
(四一) 大坂 三井手代久次郎	〃 〃	銀三五貫目	月八朱利付		辰二月限、古金ニ而売払、元利中西屋ゟ払入之筈

(四二) 大坂 平野屋五兵衛	卯八月	銀四〇貫目	三〇貫目分 月八朱 四〇貫目分 月七朱	卯一二月ゟ辰八月迄九ヶ月 二貫一六〇目 八月ゟ一一月迄四ヶ月 一貫一二〇目	幾左衛門借用、但三〇貫目備前屋ゟ借入打替之口
(四三) 豊田隼人助様	安政三辰 七月二日	金一八〇両 代銀一二貫二四〇目	月一歩半利付毎月利払之極		内海鯨船中貸入用拝借、引当畳屋慶五郎相神浦新田指出有、直方証文前萩之助様御世話ニ而借用
(四四) 平戸 納屋平左衛門	安政三辰 七月六日	金一〇〇両 六八替	月一歩半利付		筑前用金借用
	〃 〃	金一八〇両			御崎初魚ゟ三番魚迄割符を以払入之極
(四五) 長崎 吉川口入 太田梁助殿ゟ	辰七月ゟ	銀二〇貫目	月一歩利付 畢		
(四六) 吉村口入 平戸 木屋伊助	安政三辰七月	金二五〇両 六八替	一歩半利付		但二〇〇両筑前行、五〇両組方酒屋渡り
(四七) 肥後 銭塘御役所	〃 〃	銀五〇貫目	七朱利付巳五月限		右者前方ゟ年〻油代ニて皆納、仕込銀入用再借用
		銀六貫〇〇八匁九九 但札ニ而	五朱利付		

銀主	期日	借用高	利率	利息	借用内容その他
(四八)大坂 油屋采蔵	辰八月	銀二〇貫目	七朱利 巳三月限		
(四九)兵庫 岩間屋	〃〃	銀一五貫目	一歩利付 巳三月限		
(五〇)大坂 (炭屋彦五郎) 炭彦 (嶋屋市郎兵衛) 嶋市	安政三辰八月ゟ	銀一二〇貫目	月八朱利 巳六月限		幾左衛門殿目録前、利払ニ而年〻再借
(五一)大坂 大和屋甚兵衛	辰九月	銀一〇貫目	月八朱 巳二月限		
(五二)大坂 三井八郎右衛門	〃	銀四〇貫目	月七朱半利 巳三月限	四貫九四〇目	幾左衛門目六前借用、辰九月ゟ巳八月迄一三ヶ月、口入共ニ九朱半利中西屋目六前払入
(五三)兵庫 住屋吉右衛門	辰一〇月	銀一五貫目	月一歩利 巳五月限		
(五四) 地(ママ)ゟ当時取替	〃	銀二〇貫目	月八朱利付 巳正月限		
(五五)中西屋口入 讃岐屋治兵衛	〃	銀一〇貫目	月一歩利付 巳三月限	辰九月ゟ巳八月迄一三ヶ月 一貫三〇〇目	

(五六) 紀伊国屋与三兵衛	辰一〇月	銀一〇貫目	八朱利付 巳六月限		太田苧代二五貫〇二八匁余之内一五貫目余払入残幾左衛門目六前借入
(五七) 肥後八代 求摩屋善次郎	安政辰秋	正金二五両	〆三三七両一合四匁三才六		苧代入用借用
	辰一一月	正金五九両二合七匁八才			苧代之内金五〇両孫三郎方ゟ借払入、残銀借用
〃	〃 二〇日改	正金二五二両八合六匁五才六			辰一一月出迄櫓羽椎皮材木代銀巳四月認ノ目六前ニ而借用
(五八) 兵庫大工 淡路屋与平	安政三辰秋	銀四貫六九八匁四七			双海鯨船代銀算用残銀ニ而預り、問屋帳前借用
(五九) 鞆津 大坂屋平左衛門	安政辰極月改	銀一六〇貫六〇九匁六一	月八朱利付		前方ゟ年々惣目録指引尻幷辰秋双海かし方五貫一〇〇目共ニ辰一一月迄惣目録指引尻ニ而借用
(六〇) 原田徳蔵	安政三辰冬	銀三八〇目三四			辰冬巳春勝本組鯨代指引過上高引残、同所勘定目六預り
(六一) 大利ゟ	安政辰冬	銀三〇貫目	月一歩利付	三貫九〇〇目	元四〇貫目之内一〇貫目辰一〇月払入、残ニ而借用
(六二) 下長	安政四巳春	銀一貫五七七匁〇八			板部組道具代残銀預り
	〃	銀一貫六五三匁五三			板部鯨代過上預り
(六三) 辻川与右衛門	安政巳春	銀二五貫三七二匁二七			勝本道具代過上預り

銀主	期日	借用高	利率	利息	借用内容その他
(六四)（布屋原四郎）布原（布屋常太郎）布常	〃	銀三三貫五三五匁二九			右同所道具代過上預り
(六五)原徳（原田徳蔵）	〃	銀一一貫二八三匁四六			右同所同断預リ
(六六)吉文（吉田文吉）	〃	銀四貫六一五匁八			右同所道具代過上
(六七)肥後屋忠左衛門	〃	銀一〇貫三〇二匁三			右同所同断
(六八)住屋甚右衛門	〃	銀八貫三五八匁二七			右同所丸切過上預リ
(六九)平戸 千北屋千蔵	安政四巳 四月二一日	銀四貫目	一歩半利付 六月限		勝本組揚銀入用
(七〇)平戸 納屋平左衛門	安政巳閏五月	金三〇両（代二貫〇四〇目）	一歩半利付		木屋伊助借用ニ五〇両之利銀入用借用、右引当揚網九反預ケ巳八月限
(七一)平戸 納屋平左衛門	安政四巳閏五月改	銀六貫五二三匁二四	月一歩半利付		但前之指引尻一〇〇両之口之残銀再借
	〃 〃	銀七貫〇一四匁四六			但前ニ同断畳屋三郎兵衛名前ニ而再借

(七二)平戸 庭木屋平太郎	安政四巳 六月四日	銀三貫四〇〇目 (金五〇両ニ而)	一歩半利付		組上ヶ進物砂糖代銀入用、茂平取次借入、引当二年網一三反木屋春吉方江預ヶ
(七三)伊万里 北川吉左衛門	安政四巳 六月二七日	金二〇〇両	一歩二半利付		午正月限、鯨船中貸銀借用
(七四)肥前早津江 井手善兵衛	安政四巳七月改	金一、一五〇両 六八替	一歩二利付	巳七月ゟ午五月迄一一ヶ月 一五一両八合	年々借用金指引残金借用
〃　〃	巳八月一九日出 二九日入	銀六貫五五〇目			米、二五〇俵、二六匁二分替、前細工扶持借用
(七五)与平様口入 平戸 吉野屋銀右衛門	安政四巳一〇月	金一六〇両			庭木江払入入用、一一月限借用
(七六)鞆津 大坂屋平左衛門	安政巳 一一月三日改	銀二貫六一五匁七一			田嶋双海前細工幷鞆双海欠扶持雑用かし方高一五貫〇二五匁七一之内 金一七〇両七三ニて幾左衛門ゟかし方引残銀ニ而借用
(七七)長崎 高見和兵衛	安政四巳 一一月改	金三〇〇両	一〇月ゟ利付 月一歩利付 午五月限		高五〇〇両大坂屋久市借用之内、二〇〇両同人分引、残此方入用、佐助借用来候
(七八)八太郎取次 薩摩船ゟ	安政巳 一一月六日	金六〇両	一歩半利付		納屋払入金入用、揚網三〇反書入

銀主	期日	借用高	利率	利息	借用内容その他
(七九)肥後相良 益田郡助	安政四巳 一二月二二日改	金一、〇〇二両二朱 外ニ七〇文銭一三匁二二	〆一、〇〇七両 月一歩利付		辰秋網苧二二、五〇三斤三合代七〇文銭一三三貫六〇五匁三七、一一五匁替、金ニシテ一、一六一両三歩と七〇文銭四匁一二渡前之内、正金口〻払入残全ク借用
(八〇)上関 布屋平左衛門	安政四巳 極月朔日改	八〇文銭二三貫二二一匁〇九	月一歩利付		双海かし方前之指引尻共ニ借用
(八一)求摩屋善次郎	安政四巳冬	金三一六両〇〇六才六			御崎前細工買入、ろ羽橈椎皮其外代弁辰年ゟ之指引残金午二月一七日求摩屋目六前ニ而借用
(八二)下関 川崎屋善七	安政四巳冬改	銀一一貫五五六匁八九	月八朱利付		年〻指引尻弁巳冬双海貸方共ニ巳冬惣目六前ニ而借用
(八三)畳屋善太郎殿	午五月	金二三両 六八替			当六月限、畳屋三郎兵衛口入ニ而幾左衛門殿平戸ニて請払目六前借用
(八四)田嶋 入嶋屋阜三	〃	金三〇両 六八替			来未夏揚苧物手付銀当テ畳屋幾左衛門殿目六前借用受取
(八五)兵庫 住吉ゟ	安政午五月ゟ	銀一貫五〇〇目			長久丸新造代銀入用音次郎立、午六月二四日算用帳印借用
(八六)辻川与一右衛門ゟ	安政五午春	銀三貫一一〇匁六二			前目道具代指引過上預リ

(八七) 布屋原四郎 布屋常太郎	〃 〃	銀一貫八八二匁一九		前目組道具代過上預リ
(八八) 吉田文吉	〃 〃	銀四六〇匁九四		右同断過上
(八九) 肥後屋忠左衛門	〃 〃	銀二〇六匁二五		前目道具代過上
(九〇) 名古屋 久右衛門	〃 〃	銀四貫四三三匁五		右同断過上、道具代之内半形預ケ、手形引替、使伊平渡リ
(九一) 多々良与平様 御口入	安政五午三月	金五〇両 六八替	一歩三利足 七月限	長崎利米巳年納前六〇〇俵之辻、此節三〇〇俵買入代之内、崎方様ゟ御相談ニ而借用引当崎方御新田指出
〃	〃	金五〇両 六八替	一歩三利 午九月限	右同断、弐口ニ而一〇〇両之辻、崎方様御口入借用、鮪網運上金ニ而返弁ノ事
(九二) 大嶋 泉屋ゟ借用	午四月二三日	金一二〇両 六八替	利付	鯨船手附金幷板部登扶持、御崎・板部船廻賃扶持献金上下リ樽運賃〆端午迄二三〇両入用之内借用
(九三) 右同人ゟ	午四月	銀三貫四〇〇目 (金五〇両ニ而)		右者組揚銀入用、板部組目録前当時借用
(九四) 右同人ゟ	午春	銀二貫九一二匁一六		板部組道具代過上目録前預リ

銀主	期日	借用高	利率	利息	借用内容その他
(九五)伊万里 小川吉左衛門ゟ	安政五午 四月二六日入	金二〇〇両	月一歩二半 利足		午組揚御崎納屋人賃銀過上并酒代其外払方用、三郎兵衛方ゟ相談ニ而当秋中迄銀揃不申節ハ組内積出之内半方つゝ払入極ニ而借用
(九六) 畳屋善太郎	午五月三日	金二三両 六八替	八月限		畳屋三郎兵衛殿口入、幾左衛門殿平戸請払前借用
(九七) 松川辰太郎	安政五午 五月朔日分	銀二貫七二〇匁 (金四〇両ニ而)	一割半利		
(九八)平戸 久家屋伊兵衛ゟ	午五月四日	金一五両 〆五〇両	一歩半利	二両一歩	当七月限板部組目録前借用
(九九) 庭木平太郎ゟ	同一八日	金三五両			
(一〇〇) 山本権平治ゟ	午五月ゟ	金三〇両 六八替	五月ゟ八月迄 四ヶ月 一歩三利	一〇六匁〇八	午七月限、納屋返金用、午六月一八日平六殿算用帳前借用、組扶持引当テ
(一〇一) 井手善兵衛	午六月ゟ利付六月朔日目六前	金一、〇七九両 五合五勺〇五 六八替	午六月ゟ未八月迄 一五ヶ月 一歩二朱利 付	一九四両三合一勺九才	年々借用差引尻再借、前々座ゟ出借用

(一〇二) 七種笹右衛門殿口入	午六月	金四〇両	六月ゟ八月迄三ヶ月 一歩三	一〇六匁〇八	御城方利金払方用、七月四日臨時算用帳前借用
(一〇三) 庭木平太郎	午六月ゟ利付	金一〇〇両 六八替	一歩半利 午六月ゟ未六月迄 一三ヶ月		当九月限、但去歳五〇両借用之口一旦返弁猶亦再借幷長崎利金其外用五〇両共ニ午六月一八日近藤平六算用帳前借用
(一〇四) 泉屋与三郎ゟ	午七月五日	金一〇〇両 六八替	一歩半利付		九月限証文前、宇久嶋鯨船中貸用借入、板部銀請座入
(一〇五) 多々良様 北原様御口入 石橋屋彦兵衛ゟ	午七月	金一四〇両	一歩三利 午一〇月限		山崎方へ返金用、崎方様御世話ニ而御同所御新田引当借用
(一〇六) 館 近藤平六殿口入	〃	金二〇両			長崎ニ而近多様ゟ仲借三〇〇両利金用借用、但一八両、元三〇〇両利之内払入、二両ハ平六殿長崎行目録引合、此元利、御城方拝借米代ニ而午ノ一二月二〇日返済
(一〇七) 大しま 平松屋弥五七ゟ	午七月二三日	金五〇両 六八金			去冬御米代之内納方用、専五郎世話ニ而前細工揚物ニ而返弁之極、若し不足之節ハ正金ニ而返弁、引当テ本浦漁事
(一〇八) 井手善兵衛	午九月二二日出 一〇月一〇日入	銀一二貫一六〇目（米三二〇俵 三八匁替）	利付		御崎前細工扶持用借用

銀主	期日	借用高	利率	利息	借用内容その他
(一〇九)早岐 加布里屋竹三郎	安政五午九月	金三〇〇両 六八替	月一歩二利付		当年九月ゟ戌年迄五ヶ年限、崎方旦那様御世話ニ而、七種笹右衛門殿口入借用証文、崎方様御新田引当テ
(一一〇) 庭木平太郎ゟ	安政五午 一〇月三日	金七〇両 六八替	一歩半利付		五五両未四月限、求摩苧二三丸預ケ 一五両当極月限借用 ｝近藤平六殿口入肥後苧代払方用
(一一一) 紀伊国屋与三兵衛	午一〇月入	銀六七貫三四三匁九一			苧代借用銀之内幾左衛門殿ゟ払入残リ通帳寄借用
(一一二)大嶋 亀屋文蔵 綿屋定次郎	午一一月二日入	金一〇〇両 六八替	月一歩半利付		但五貫五〇〇目鯨油五〇丁、一一貫文替、一貫三〇〇目、鯨船仕廻銀用借用、返弁之儀ハ未二月限、前之通両様鯨油幷正金ニ而払入、間違候節ハ来春本浦鮪先納引合之極、引当テ家屋敷
(一一三)平戸 庭木平太郎	午一一月借用	銀六貫目	一一月ゟ未六月迄八ケ月	七二〇目	勝本組扶持用現米畳屋良右衛門殿口入、勝本目録前、油五〇丁当借用
(一一四) 求摩屋善次郎	午秋	金二五八両七合三勺七才			櫨羽椎皮橈竿くつれ代幷手船米代共ニ求摩屋目六前借用
(一一五) 大村領江しま 山崎増兵衛	午一二月	正銀五貫目	月一歩半利付		組方扶持米買入代入用升屋平吉指越借用

(一六)大坂屋平左衛門ゟ	未正月二〇日改	銀一五八貫五七〇目五 銀二一七貫三二六匁七七		午年惣目録指引尻ニ而借用 未年惣目六指引尻ニ而借用
(一七)上関布屋平左衛門	安政六未正月一九日改	八〇文銭二五貫九八五匁七	一歩利	午年惣目録指引尻ニ而年中一歩利銀共ニ借用
(一八)下関川崎屋善七	未正月改	銀一三貫八九一匁九八		惣目録指引尻ニ而借用
(一九)町田茂八方ゟ	未三月 未四月	銀三貫〇九六匁 銀四貫七六〇目	一歩半利足	二年網一一反預ヶ借用 借用
(二〇)竹屋幾太郎請	未春	米六〇俵		勝本組上ケ用借用
(二一)五島宝屋文助	〃	銀一七貫七三〇目〇三 銀五貫三八一匁四八		板部組年〻元利指引尻ニ而目六前借用 道具代指引過上指引尻ニ而目六前借用
(二二)町田茂八ゟ	未春	銀七三二匁 銀四貫目(米一〇〇俵四〇目替)		觜代指引過上勝本組目六前借用 觜先納当テ勝本組目六前借用
(二三)仁六請	〃	銀二貫六〇五匁〇一		高四貫〇八〇目觜先納借用之内勝本組觜代引残右同所目六前

銀主	期日	借用高	利率	利息	借用内容その他
(一二四)綿屋岩助請	〃	銀一〇二匁			買物代之内預リ、勝本目六前
(一二五)七種重八殿ゟ	〃	銀六八〇目			組上リ用借用勝本目六前
(一二六)辻川与一右衛門請	〃	銀八貫八二〇目九五			道具代指引過上
(一二七)布屋足平 布屋常太郎	〃	銀九貫七〇一匁九六			勝本組道具代指引尻ニ而借用（以下、住屋甚右衛門まで一括）
堺屋政左衛門	〃	銀九貫二七九匁五七			
肥後屋忠左衛門 式屋太次郎	〃	銀一〇貫六三六匁九六			
竹屋幾太郎	〃	銀三貫〇九六匁九八			
吉田文吉	未春	銀三貫一八五匁五五			
住屋甚右衛門	〃	銀四貫六八八匁二五			

肥後屋忠左衛門	〃	銀四貫九一九匁五二			
(二八)勝本庄屋 篠崎金蔵殿	〃	銀四貫五五六匁九一 但冬春畳銭 二貫七八九匁三三 御地銭 一貫七六七匁五八			勝本組目六前預り
□萬屋新太郎	〃	銀五七〇目三七	酒代指引過上ニ而相渡前		勝本組目六前預り
吉野屋文蔵請	〃	銀一貫一八六匁五	酒代ニ而	〆一貫三八六匁五 山口屋請合之趣	勝本組目六前預り
	〃	銀二〇〇目	塩一〇〇俵代		勝本組目六前預り
長野文□	〃	銀四六六匁四	薬代ニ而		勝本組目六前預り
辻川平右衛門	未春	銀一四六匁	大豆代ニ而		勝本組目六前預り
(二九)堺屋政左衛門ゟ	〃	銀一貫一九三匁七六	鯨代指引過上		
辻川与一右衛門	〃	銀二貫二一〇匁	小納屋割合銀ニ而借用		

銀主	期日	借用高	利率	利息	借用内容その他
肥後屋忠右衛門	〃	銀二貫二一〇匁	〃 〃		勝本組目六前借用
竹屋幾太郎	〃	銀二四五匁六	鯨代指引過上		
肥後屋忠右衛門	〃	銀一三六匁	年賦銀割合		
住屋甚右衛門	〃	銀一一〇匁三二	鯨代過上		
(二三〇)泉屋与三郎	〃	銀八貫九二四匁四三			未春板部組先納指引過上目録前預り
〃	〃	銀六八〇目			板部組上リ銀借用
〃	〃	銀一一二匁			蔵代ニて同断目六前預り
(二三一)大しま助蔵	〃	銀三四〇目			塩二〇〇俵代、未春板部目録前預り
(二三二)大しま山口屋口入	〃	銀二三〇目			塩七〇俵代未春板部目録前預り
(二三三)井元万吉口入	〃	米二〇俵 三四匁五替			御崎組上用目六前借用
(二三四)千北千蔵ゟ	未四月	銀四貫五〇〇目	一歩半利		髭預ケ、七月限借用、御崎組目録前借用
(二三五)俵屋政蔵ゟ	〃	銀四貫七六〇目	月一歩半利		二年網一一反預ケ、七月限借用、御崎組揚用

(一三六)鳥飼千左衛門	〃	銀四貫五〇〇目	一歩半利	御崎組目六前、大樽油三〇丁預ケ、七月限借用
(一三七)納屋平左衛門	〃	金一三貫六〇〇目（金二〇〇両ニ而）	月一歩半利	勝本組揚用目録前借用
(一三八)桜井八右衛門ゟ	未四月一八日	銀二貫〇四〇目	一歩半利	組上リ銀用借用、御崎組目録前借用
(一三九)俵屋政蔵	未五月二七日	銀一五貫三〇〇目（金二二五両ニ而）	月一歩半利	御用油請返其外用、未一一月幾左衛門殿平戸請払目録前借用
(一四〇)七種笹右衛門殿ゟ	未七月借用	銀一貫三六〇目		未一〇月限、一一月幾左衛門殿目六前借用
(一四一)平松屋弥五右衛門口入	未七月四日	銀一貫七七一匁二七		平戸御用油之内一〇丁請返用銀請帳前一〇月限借用
(一四二)古田村甚平請	（未七月）	銀一貫〇二〇目（一五両ニ而）	一歩半利	彦左衛門世話口米一四二俵相談之内一一二俵正米ニ而請取、残三〇俵代金二歩替借用
〃	〃	銀四貫八一六匁（但米一一二俵四三匁替）	一歩半利	此口納屋江借替ニ相成筈

銀主	期日	借用高	利率	利息	借用内容その他
(一四三)大しま 井元万吉口入	未七月八日	銀一貫六三二匁(金二四両ニ而)			肥後仁ろ用、江しま利銀其外用、銀請帳前一〇月限借用
(一四四)桜井八右衛門ゟ	未九月	銀一貫七〇〇目(二五両ニ而)			元、御崎組上ヶ用借用銀之内払方未一一月一九日臨時帳前酒屋口入ニ而借用
(一四五)井手善兵衛	未九月ゟ利付	金一、四一三両四合六匀〇六	一歩二朱利付		年〻借用残金未八月平吉持参算用指引尻ニ而借用
(一四六)大村 瀬戸御役所ゟ	安政六未一一月	金六〇〇両(代四二貫六〇〇目)	年一割		未冬御崎組・江しま組仕入用、畳屋安兵衛罷越拝借、引当一結株江しま江召置年□前細工之極
(一四七)白山丸音次郎	未一一月二八日 一二月五日	金七五両			白山丸かし方当テ借用
(一四八)崎田儀作 井元万吉 山口屋虎右衛門	(万延元年)申正月	金一二両			未三月一〇日算用帳有之、借用銀払方用、申春御崎目六前借用
(一四九)音次郎 明神丸口入	申閏三月	銀六貫八〇〇目			髭八〇貫目、筋一〇〇斤、油二〇丁預ヶ
(一五〇)大しま 泉屋	〃	銀三貫四〇〇目			上りもの当テ借用

(一五一) 石屋吉三右衛門 吉右衛門	申春	銀二〇三匁五四	沖破摩羽揚納屋下普請銀ニ而預リ
(一五二) 畳屋 良右衛門口入	〃	金一〇両	組上リ用
(一五三) 大嶋 泉屋与三郎 坂本市郎右衛門 嶋田儀作	申四月ゟ	銀二貫四七二匁	高三貫四〇〇目之内一貫目揚物ニ而相渡残リニて借用 組揚銀借用
(一五四) 野北 船頭治平	安政(万延元)七申四月改	銀四貫五七一匁五一	広福丸、三徳丸乗中賃銀過上相渡前手船帳前預リ、追ゝ銀調相渡候事
(一五五) 石丸百太郎	申春	銀二貫九五八匁六四	道具代指引過上預リ
	〃	銀一貫一六七匁七五	組上リ用小納屋割合
	〃	銀二一八匁二二	長須合力ニ而
桜井八右衛門 町田茂八	申春	銀九貫四五九匁〇九	組上リ用小納屋割合
	〃	銀二貫七八四匁四二	小納屋割合 組上ケ用
	〃	銀四七七匁九四	長須割合ニ而

銀主	期日	借用高	利率	利息	借用内容その他
中嶋屋虎助	〃	銀四貫六二八匁七五	組上ﾘ用小納屋割合		〆右口〻中春御崎大目六前借用
	〃	銀一貫三六一匁〇一	組上ﾘ用小納屋割合		
	〃	銀二三三匁〇四	長須合力		
久岡兵次郎 松川辰太郎	〃	銀一〇貫二三一匁二五	〃〃		
鳥飼千左衛門	〃	銀三貫〇一〇匁九二	組上ﾘ用銀		
	〃	銀五一七匁〇二	長須合力ニ而		
別当中 村山千次郎	〃	銀四貫三三五匁一三	長須合力ニ而		
	〃	銀一貫二七五匁三	組上ﾘ用銀		
尾崎留作	〃	銀一貫六八五匁三二	〃		
	〃	銀八五匁一	長須合力銀ニ而		
庭木平太郎 (一五六)	中春	銀二貫五八四匁 (金三八両ニて)			筋髭歩入、五月限借用

(一七七)江しま 庄助	〃	銀五貫一〇〇目(金七五両ニ而)		去冬肥後仁ゟ買入苧櫓羽代之内一〇〇両尺借用之分口〻払入残リ、四貫目余払前入用ニ付網一二反預ケ、当九月限借用
(一七八)頭納屋	〃	銀八貫三五〇目三	先納道具代指引過上ニ而渡前預リ	〆申春江嶋組目録前預り
山所務納屋	〃	銀四貫〇四七匁四九	〃	
開納屋	〃	銀八貫八八三匁六五	先納道具代指引過上ニ而渡前預リ	
江しま 庄屋	〃	銀一貫三九九匁七八	蔵敷納屋場銭黒皮銀其外口〻指引過上相渡前預リ	
江しま 青木善三郎	〃	銀一二一匁三五	薬代指引過上相渡前預リ	
村酒場	申春	銀五六匁七	酒代差引過上相渡前預リ	

銀主	期日	借用高	利率	利息	借用内容その他
茂八 三次郎世話	〃	銀三貫四〇〇目（金五両ニて）	二年網八反来ル九月限二歩利付ニ〆伊万里ゟ借用		――
松崎勘兵衛	四月二七日	銀六八〇目（金一〇両ニて）	村方諸色代払用、当夏返弁ニて借用		
山口屋 平五左衛門	〃 〃	銀一一二匁七九	諸色代指引過上ニ而預リ		
（一五九）崎戸 新屋吉蔵	〃 〃	銀二貫〇四〇目（金三〇両ニて）	月二歩利		肥後苧代之内払入用買入苧之内一〇丸、此斤六四八斤預ケ借用
（一六〇） 多々良直四郎様ゟ	（安政五年カ）	米一〇〇俵 三八匁替			御崎組扶持用、御売延代銀漁事次第相納可申

註

表二および表三の「借用高」の欄で、例えば、

「 銀一貫〇二〇目
（一五両ニ而） 」

とあるのは、実際の受取りは金一五両でなされたが、「寄帳」には銀で計上されていることを示している。この外、逆に傍註が銀の場合もあり、また米の場合もあるが同じである。

また「六八替」「六八金」とあるのは、金一両における銀六八匁の換算率である。

表四　弘化三年午四月吉日　歳々鯨取高之扣

年	組	期間	魚数	内訳 冬	内訳 春	合計
巳冬午春魚高（弘化二冬—三春）	御崎組	一一・二五組出 四・二五組上リ	三五本	二七本 外ニ沈一	八本	一三三本
	前目組	一一・二三組出 四・七組上リ	七五	六九 外ニ沈一 腹子一	六	
	板部組	二・七組直リ 四・二五組上リ	二三	｜	｜	
午冬未春魚高（弘化三冬—四春）	御崎組	一一・二一組出 四・一組上リ	一二	一〇	二	六九
	勝本組	一一・二一組出 四・七組上リ	四四	三四 冬両組 外ニ沈一	一〇	
	板部組	正・二一組直リ 四・七組上リ	一三	｜	｜	
未冬申春魚高（弘化四冬—嘉永元春）	御崎組	一一・一六組出 四・一七組上リ	二〇	一二	八	六八
	前目組	一一・一六組出 四・二上リ	三一	二九 外ニ沈一	二	
	板部組	正・二七組直リ 四・一八上リ	一七	｜	｜	

年	組	期間	魚数	内訳 冬	内訳 春	合計
申冬酉春魚高（嘉永元冬―二春）	御崎組	一一・二八 組出 四・二九 組上リ	四三本	二九本	一四本	八七本
	勝本組	一一・二八 組出 四・二六 組上リ	三五	二三	一二	
	板部組	二・八 組直リ 四・二七 上リ	九	―	―	
酉冬戌春魚高（嘉永二冬―三春）	御崎組	一一・一〇 組出 □（四カ）・九 組上リ	一八	八	一〇	四四
	前目組	一一・一〇 組出 三・二四 上リ	一一	七	四	
	板部組	正・一六 組直リ 四・一〇 上リ	一五	―	―	
戌冬亥春魚高（嘉永三冬―四春）	御崎組	一一・二五 組出 四・二一 揚リ	二二	一四 外ニ座頭腹子一	八	五四
	勝本組	一一・二五 組出 四・一九 揚リ	一九	一二	七	
	板部組	二・七 組直リ 四・二二 揚リ	一三	―	―	

亥冬子春魚高（嘉永四冬—五春）	御崎組	正・二七 組出 四・三 揚リ	二二	九	一三 外ニ座頭腹子二	六七
	前目冬□（組カ）	二・一六 組直リ	一九 外ニ勢美腹子一	—	—	
	津吉春組	四・二 揚リ	八	—	—	
	黒瀬春組	二・九 組直リ 四・三 揚リ	一八	—	—	
子冬丑春魚高（嘉永五冬—六春）	御崎組	一一・一八 組出 四・一八 揚リ	一〇	五	五	二六
	勝元組	一一・一八 組出 四・一一 揚リ	七	二	五	
	黒瀬組	正・二五 組直リ 四・一五 揚リ	九	—	—	
丑冬寅春魚高（嘉永六冬—七春）	御崎組	一一・二三 組出 四・二七 揚リ	一五	七	八	四二
	前目組	一一・二三 組出 □浦	四 冬	—	—	
	津吉組	二・一四 組直リ 四・二三 揚リ	八	—	—	
	板部組	二・五 組直リ 四・二六 揚リ	一五	—	—	

年	組	期間	魚数	内訳 冬	内訳 春	合計
寅冬卯春魚高（安政元冬—二春）	御崎組	一一・八 組出 四・八 組リ（上欠カ）	一六本	八本	八本	三六本 内 四本 勢美 二三本 座頭 九本 児鯨
	勝元組	一一・八 組出 四・七 揚リ	一〇	四 此内一本沈	六	
	板部組	正・二一 組直リ 四・八 揚リ	一〇 此内一本沈	—	—	
卯冬辰春魚高（安政二冬—三春）	御崎組	一一・二一 組出 四・二〇 組上ケ	七	二	五	三三 外ニ 沈勢美 一本 座頭腹子一本
	前目組	一一・二一 組出 三・二九 組上ケ	一三 外ニ座頭腹子一本	八 冬組沈勢美一本	五	
	板部組	二・二 組直リ 四・二三 組上リ	一一	—	—	
辰冬巳春魚高（安政三冬—四春）	御崎組	一一・二八 組出 四・二七 揚リ	二〇	七	一三	三五
	勝本組	一二・一 組出 四・二九 揚リ	七	二	五	
	板部組	二・二一 組直リ 五・二 揚リ	八	—	—	

巳冬午春魚高（安政四冬—五春）	御崎組	一一・一二 組出 四・一一 揚リ	二〇	一三	七	〆五三 内勢美七本 座頭三一本 外ニ腹子一本 長須五本 児鯨一〇本 〆
	前目組	一一・一〇 組出 二・二三 揚リ	一八 外ニ座頭腹子一本	九	九	
	板部組	正・一五 組直リ 四・一三 揚リ	一五	—	—	
午冬未春魚高（安政五冬—六春）	御崎組	一一・二四 組出 四・二三 組上リ	八	四 外ニ腹子二本	四	〆二七 内五本座頭 三本児鯨　御崎 外ニ座頭腹子二本 勢美一本 座頭二本 児鯨八本　勝本 座頭八本　板部
	勝本組	一一・二八 組出 四・二一 組上リ	一一	二	九	
	板部組	二・一八 組直リ 五・□ 組上リ	八	—	—	
未冬申春魚高（安政六冬—万延元春）	御崎組	一二・五 組出 四・三 揚リ	一〇 外ニ座頭腹子一本	六	四	〆一五 外ニ腹子一本 内座頭六本 長須三本 鰯鯨子一本 外ニ座頭腹子一本　御崎 座頭五本　江嶋
	江嶋組	二・二九 組直リ 四・六 揚リ	五	—	—	

註　表四の「期間」欄の数字、例えば、一一・二五、正・二七とあるのは、月日を示して、前者は一一月二五日を、後者は正月二七日を示している。

註

（1）「寛政九丁巳年五月　三箇所鯨組上納銀之事」「文化元甲子七月対州廻組浦請願済、丑春ゟ未春迄七ヶ年請浦之内丑年ゟ巳春迄春浦五ヶ年、冬浦寅冬ゟ辰冬迄三ヶ年願済之御墨附左之通」「弘化二巳年六月　黄嶋春組運上弁諸勤式覚」その他。以上、益冨家文書。

（2）益冨家文書。以下、史料を特に明示しない限り同家文書。

（3）秀村選三「徳川期九州に於ける捕鯨業の労働関係（一）」（九州大学『経済学研究』第十八巻第一号、一九五二年、七三頁）

（4）「寛政七年卯霜月吉日　諸願書控帳」。

（5）「常平所元役合力米三俵可相渡事」（山口麻太郎編『平戸藩法令規式集成』中巻　一九五七年、二五頁、「役料心附扶持方渡方定」）。

（6）「諸方借銀寄帳」一一三丁挿入史料。

（7）「御願申釣合書之事」。

（8）例えば「文政五年午六月借状帳」。

（9）秀村、前掲、七七頁。

あとがき――西海に鯨を追って――

平戸島の坂を登って城の天守に上ると眼下に九州本土との海溝が横たわっている。高楼の風当たりは海から吹き上げて強い。想いは近世初頭、幕府の鎖国という名の貿易独占政策によって展開されたであろう事々が絵巻物のように頭を馳せ廻る。

近世中期にいたるとそれまで個々で捕獲していた巨大魚の漁が一大組織を編成して立ち向かう鯨組に成長、壱岐から生月島を通って西方の五島列島にまで展開してきた。鯨が北氷洋地域から南下、日本海からこの海域に下り、温暖な海域で出産して、秋からその子供を伴って北上する春頃まで、延べ二～三万人が捕獲に従事したのである。紀州・土佐・長州と並んでこの西海も当時としては驚くほどの巨大経営が展開された舞台であった。

昭和の初期、日本資本主義論争が激しく展開された。軍靴の音が次第に高まってくる中での学界の静かな抵抗であり、そこでは幕末の日本がどのような経済発展段階であったかについて論争されたのである。この段階規定は明治維新の性格を左右するから相当に激しく展開された。しかし現在もちろん時代差があるけれども、史料を綿密に読んで展開する実証的研究から見れば、多分に机上の論争の傾向があったといってもよいであろう。

さて、右のような鯨組の研究が可能になったのは、恩師秀村選三氏の功大である。史料発見の過程をやや謙遜気味に偶然のようにいわれるが、決してそうではない。敗戦後間もない頃、平戸方面の史料採訪をしておられたら、生月行きの船があった由。それに乗って現地に着き、いろいろ聞き込みすると益冨さんという大家があると教えられて、同家に直行したといわれる。前当主益冨治保氏に種々話をしたら、若干の史料を持って来られたそうである。夜になったら漁灯をもってきて下さった。敗戦後は停電がひどく暗闇の生活を強いられた状況であったからである。このように、治保氏は言葉少ないが心温まる支えをして下さった。

そのような仕事を継承して松下志朗氏と私は毎年休みになると定期便のように益冨家を訪ねて、研究に没頭した。治保氏も次第に信用を深めて下さり、二階に上って棚や箱の中の史料を自由に探させて下さった。次々と出てくる厖大な新史料に驚くやら嬉しいやらの悲鳴を上げた。これがその後数十年の研究の大きな基盤になった。

現在、捕鯨が関心をよんでいる時、この益冨家文書は世界的意味を持っているといってよい。このような重要な史料を発見された秀村氏は、その時まで九州大学九州文化史研究所を中心に多くの史料を読み込まれて生月や鯨獲りの断片について脳裏に焼きつけておられたからだろう。地道な経済史学の基礎がここにある。

本書もそのような過程の中から生まれた。出版に関する一切の仕事、本書構成の貴重な助言で支えて下さった山田秀君、さらに校正の諸作業を担当して下さった後藤正明君には充分すぎるお世話になった。また前著以来本書出版にも変わらぬ声援を続けて下さった戦友木下正、佐藤光男の両氏の励ましは心の支えになった。

なお、本書の基になった研究は朝日新聞学術奨励金を与えられた「西海捕鯨業史の研究」の一部である。記して感謝する。

最後になったが、私の最終原稿が遅れに遅れたため山田・後藤両君はじめ九州大学出版会に多大の御迷惑をおかけしたこと、ここに謝意を捧げ擱筆する。

皆によく謳われた文句に

セミの子持ちは夢にも見るな

という一句があると伝えられている。セミは背美鯨のことである。子鯨と並んで母鯨が泳いでゆくさまが伝わってくる。

二〇一七年夏

背振の山なみを遠望しつゝ

藤本隆士

人名索引

あ行
青木善三郎　173
明石屋庄右衛門　153
県俊太郎、新四郎　16, 17, 24, 25, 62
県真通　17
秋本庄右衛門　124, 126
芥川祥甫　46
朝倉屋鉄次郎　65-67, 70
浅野弾正少弼　58
油屋采蔵　156
阿部真琴　95
有賀喜左衛門　1, 35
淡路屋与平　157
猪飼七兵衛　68
生島仁左衛門　49
石蔵屋幸助、石蔵屋　81, 84, 92, 107, 110-112
石橋太右衛門　109
石橋屋彦兵衛　163
石丸百太郎　171
石屋吉三右衛門　171
石屋善平　30
石屋庄右衛門　153
泉屋与三郎　163, 168, 171
井手善兵衛　159, 162, 163, 170
伊藤杢之丞　126
井元孫三郎　105
井元万吉　168, 170
入嶋屋阜三　160
岩間屋兵右衛門　153
臼杵勘助　11
遠藤正男　95
及川宏　2, 35
近江屋猶之助　136, 153
大賀千助　118
大蔵永常　78
大坂屋久市　159
大坂屋平左衛門　157, 159, 165
太田梁助　155
大槻子節、磐里　47
大槻清準　47, 49, 50
大槻磐水、磐水、玄沢　46, 47, 51, 63, 64
大矢真一　47, 63, 74
小川吉左衛門　162
小川宗理　58
尾崎留作　172
小山田与清、松屋与清、小山田将曹、高田将曹　42, 44, 45, 47, 49-51, 54, 55, 57, 60, 64, 69-71, 74

か行
風間正太郎　95
加布里屋竹三郎　164
亀屋文蔵　164
川崎屋善七　160, 165
川島屋仁兵衛　150
神戸甚八郎　151
木崎攸軒　49
北川吉左衛門　159
喜多野清一　1, 35
木田遊林　8, 13
吉文字屋勘右衛門　118
紀伊国屋与三兵衛　157, 164
紀淑雄　54, 74
木村嘉平　65, 70
木屋伊助　155, 158
木屋春吉　159
久家屋伊兵衛　162
求摩屋善次郎　157, 160, 164
蔵富吉右衛門　78, 80
黒木三郎助　3
黒木又左衛門　3
小西左兵衛　136
小西摂津守行長　58
小林茂　131
近藤儀左衛門　24, 25

近藤義左衛門　29, 30
近藤三右衛門　8, 13
近藤平六　148, 163, 164

さ行
七種笹右衛門　139, 141, 163, 164, 169
七種重八　166
才藤伊八郎　152, 153
齋藤信　36, 72
三枝博音　45, 50
酒井一　95
堺屋政左衛門　166, 167
坂上閑三郎　136
崎田儀作　170
桜井八右衛門　169-171
桜田勝徳　50, 71, 73
笹屋権次郎　66, 67, 70
貞方文作　69, 70
讃岐屋治兵衛　156
沢屋惣左衛門　118
シーボルト、ジーボルト　11, 36, 47, 49, 72
慈覚大師　53
式屋太次郎　166
篠崎金藏　167
篠崎庄作　105
司馬江漢　16, 46-48, 50, 61-64, 73
嶋屋市郎兵衛　135, 136, 156
嶋屋専助　135
下条庄平　152
庄野屋亀吉　154
白石祥三郎　16
新屋吉蔵　174
炭屋勘助　135
住屋吉右衛門　151, 154, 156
角屋源兵衛　109
住屋甚右衛門　158, 166, 168
炭屋彦五郎　135, 136, 156
住屋久吉　153
関順也　131

た行
高野長英　47, 49
高見和兵衛　159
宝屋文助　165
竹屋幾太郎　154, 165, 166, 168
畳屋幾左衛門　160
畳屋市郎兵衛　24, 25
畳屋小八郎　32
畳屋駒次郎　29, 30
畳屋佐七　13, 24, 27, 28
畳屋三郎兵衛　4-7, 11, 13, 23, 25-27, 158, 160, 162
畳屋三郎兵衛（初代）、三郎助　3-6, 13, 23, 25, 31
畳屋三郎兵衛（二代）　7, 13, 16, 17, 24-28
畳屋三郎兵衛（三代）、只七　24, 25, 29-31
畳屋三郎兵衛（四代）　24, 25, 32
畳屋三郎兵衛（五代）、茂作　25, 30-32
畳屋三郎兵衛（六代）、杢兵衛　25, 29, 30
畳屋治七　24-30
畳屋治七（二代）、亀之助　24, 25, 28
畳屋七兵衛　25, 27
畳屋十一郎　25, 26, 29-31
畳屋勢右衛門、山県勢右衛門　27, 28, 30, 31, 117, 118, 149
畳屋瀬兵衛　27, 28
畳屋善太郎　160, 162
畳屋宗作　89
畳屋宗助　26, 32
畳屋竹五郎　26, 32
畳屋種三郎　32
畳屋長蔵　151
畳屋伝左衛門　29, 30
畳屋東九郎　27-30
畳屋徳左衛門　24-29, 32
畳屋徳三郎　24-26, 28, 31, 32
畳屋徳平治（次）　24-30
畳屋豊四郎　27, 28, 30
畳屋豊八　26, 27
畳屋仁兵衛　27-30
畳屋八太郎　29, 30

畳屋彦右衛門　24-30
畳屋増藏　28-30
畳屋又右衛門　24-26, 28, 32
畳屋又右衛門（二代）、又吉　25, 26, 28
畳屋又右衛門（三代）、仁助　26, 28, 32
畳屋又右衛門（四代）、住太郎　26, 28, 32
畳屋又四郎　26, 28, 32
畳屋良右衛門　164, 171
畳屋（益冨）きさ　27, 28
畳屋さわ　25, 31, 32
畳屋すみ　27, 28
畳屋（近藤）すゑ　24, 25
畳屋たけ　29, 30
畳屋ため　27-30
畳屋（益冨）ちせ　24, 25, 29, 30
畳屋つな　27, 28
畳屋みゑ　29, 30
畳屋みち　30, 31
畳屋みを　25, 27, 28
畳屋（田中）もと　7, 24, 25
畳屋もり　26, 28
畳屋らせ　25, 30
畳屋ゑき　26, 28, 32
多々良直四郎　174
多々良与平　140, 149, 151, 161
田中彰　131
田中長太夫　6, 7, 13, 24, 25, 81
樽屋五兵衛　153
俵屋政蔵　168, 169
千北屋千蔵　158, 168
長曽我部元親　56
辻川平右衛門　167
辻川与一右衛門　160, 166, 167
辻川与右衛門　157
蔦屋太右衛門　68
土屋喬雄　40, 72
坪内雄蔵（逍遥）　54
寺沢志摩守　3, 4
豊田隼人助　155
鳥飼千左衛門　169, 172

な行
中嶋屋虎助　172
中西屋元助　154
中根千枝　2, 35
中野九兵衛　124, 125, 127
中野卓　2, 35
納屋平左衛門　141, 150, 154, 155, 158, 169
西金太郎　152
庭木平太郎　159, 162-164, 172
丹羽又兵衛　17
布屋足平　166
布屋原四郎　152, 153, 158, 161
布屋常太郎　158, 161, 166
布屋平左衛門　160, 165
野々村安右衛門　19, 22
野元弁左衛門　138

は行
白山丸音次郎　150
白山丸文次郎　99, 104, 123
橋元甚五平　138
服部之総　40
浜地利兵衛　78
原田徳蔵　152, 153, 157, 158
播磨屋宗是　58
肥後屋喜一郎　92, 119, 121-127
肥後屋忠右衛門　168
肥後屋忠左衛門　158, 161, 166, 167
久岡兵次郎　172
備前屋徳兵衛　136, 152
日高冶左衛門　138
秀村選三　137, 180
平田道甫　19
平野屋五兵衛　136, 155
平松屋弥五右衛門　169
平松屋弥五七　163
福本和夫　46-48, 50, 54, 72-74
古島敏雄　93, 94, 129
細屋七郎右衛門　119, 120, 122, 128

人名索引

ま行
牧川鷹之祐　36, 48, 50, 73
益田郡助　160
益田郡兵衛　151
益冨又左衛門、景正　5-7, 23
益冨又左衛門（初代）、正勝　2, 5-8, 11, 23, 31
益冨又左衛門（二代）、正康、又之助、山県六郎兵衛（初代）　2, 5, 7-9, 13-18, 23, 24, 62
益冨又左衛門（三代）、正昭、三之助　2, 8-10, 13, 23, 63, 64
益冨又左衛門（四代）、正真、又之助、亦之助、山県三郎太夫（初代）、二之助、二三　3, 5, 9-11, 13, 18, 19, 22, 23, 26, 63, 64, 71
益冨又左衛門（五代）、正弘　3, 9-13, 16, 18, 21, 23, 36, 45, 47, 49, 64, 71
益冨又左衛門（六代）、正敬、亀太郎　3, 5, 10-14, 18-22, 35-37
益冨又左衛門　2, 40, 41, 82-84, 88, 89, 98, 107, 109, 111, 112, 117, 123-126, 138
益冨又之助（七代）、忠三郎、正恵　11-14, 20-22
益冨正駿、兵五郎　11, 13, 22
益冨正満、二之助　8, 9, 13, 63
益冨正美津、正美津、畳屋佐助　5, 7, 8, 11, 13, 23, 24
益冨（臼杵）加太　11, 13
益冨（田中）幾津　5, 13
益冨（山県）佐伊　12, 13
益冨（木田）志摩　9, 13
益冨（近藤）多満　8, 13
益冨美津（みち）　8, 13, 24
益冨（山﨑）せき　13, 14, 21
升屋平吉　164
町田茂八　165, 171
松浦清、静山　51, 53-55, 60-62, 73
松浦誠信　15, 51
松浦熈、乾斎　21, 55, 60
松浦誠信、安靖、安静　15, 51
松浦政信、政信　51
松川辰太郎　162, 172
松崎勘兵衛　174
松崎武俊　95, 131
松下志朗　15, 37
松本四郎　93
三井八郎右衛門　135, 156
峰谷文之助　17, 64
村尾八兵衛　17
村山儀右衛門　154
村山千次郎　172
森永伝九郎　10

や行
八木哲浩　93
安岡重明　93
山県六郎兵衛（二代）、景雄　15, 16, 62, 64
山県六郎兵衛（三代）、栄吉　16, 64
山県三郎太夫（初代）→益冨又左衛門（四代）
山県三郎太夫（二代）、正明、益冨波右衛門（初代）、二之助　11, 12, 18-20, 22
山県三郎太夫（三代）、正敞　12, 19, 22
山県正方、益冨波右衛門（二代）、貞三郎　5, 11-14, 20-22, 37, 94
山県正房、四郎　22
山県（丹羽）幾　16, 17
山県（平田）梶　19
山県幾久（やす）　13, 19, 22
山県（村尾）幾津和　13, 16, 17
山県久良　19, 22
山県布起　16, 17
山口麻太郎　180
山口屋久右衛門　142
山口屋虎右衛門　170
山崎忠左衛門　12-14, 20, 21, 149, 150
山崎忠三郎、飯富忠三郎　11, 12-14, 20-22
山崎増兵衛　164
山崎茂一郎　151
大和屋甚兵衛　152, 156
大和屋善助　153
山本喜右衛門、喜右衛門　124, 126, 127
山本権平治　162

山本庄右衛門　61
吉川駿蔵　150
吉田文吉　151, 158, 161, 166
吉野屋銀右衛門　159
吉野屋文蔵　167
万屋儀右衛門　118

わ行

渡辺信夫　93
綿屋岩助　166
綿屋定次郎　164

読み不明

飛鴿屋忠次郎　150
絣屋仙三郎　149, 150

著者略歴

藤本隆士（ふじもとたかし）

1925年　福岡県に生まれる
1952年　九州大学大学院特別研究生
福岡商科大学（福岡大学）講師・助教授・教授,
九州産業大学大学院教授を経て,
現在　福岡大学名誉教授，経済学博士（九州大学）

近世《きんせい》西海《さいかい》捕鯨業《ほげいぎょう》の史的《してき》展開《てんかい》
── 平戸藩鯨組主益冨家の研究 ──

2017年10月12日　初版発行

著　者　藤　本　隆　士

発行者　五十川　直　行

発行所　一般財団法人　九州大学出版会

〒814-0001　福岡市早良区百道浜 3-8-34
九州大学産学官連携イノベーションプラザ 305
電話　092-833-9150
URL　http://kup.or.jp
印刷／城島印刷㈱　製本／篠原製本㈱

ISBN 978-4-7985-0216-8